学研の中学生の理科

自由研究 お手軽編

レポートの
実例＆
テンプレートつき

ダウンロードして使える

監修
尾嶋好美

Gakken

この本の使い方

かかる時間と難しさ

テーマ選びや計画を立てるときの参考になります。

実験の方法

実験する手順がイラストなどでていねいにかいてあります。

レポートの実例

レポートのまとめ方の例です。結果は参考として、自分の実験結果を書きましょう。

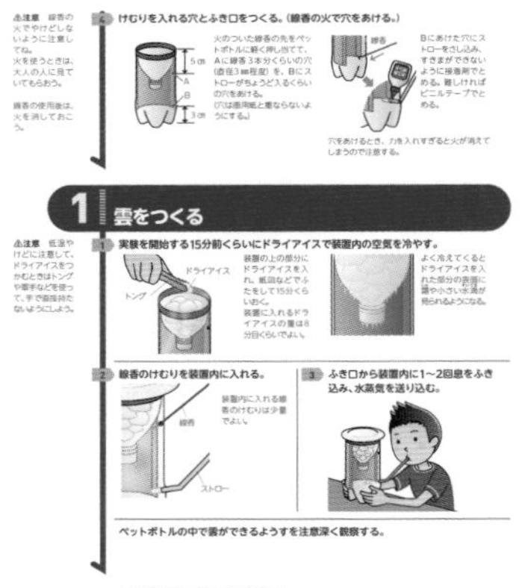

実験のポイントや注意などのアドバイス

実験成功のコツや実験上の注意点です。 ⚠マークは危険に関する注意ですから、必ず守ってください。

サイエンスセミナー

研究に関連した内容のコーナーです。テーマの理解を助け、知識を深めることができます。

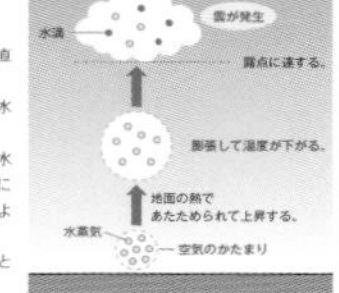

発展研究

本テーマをさらに発展させた研究です。自分らしい研究に挑戦してみましょう。

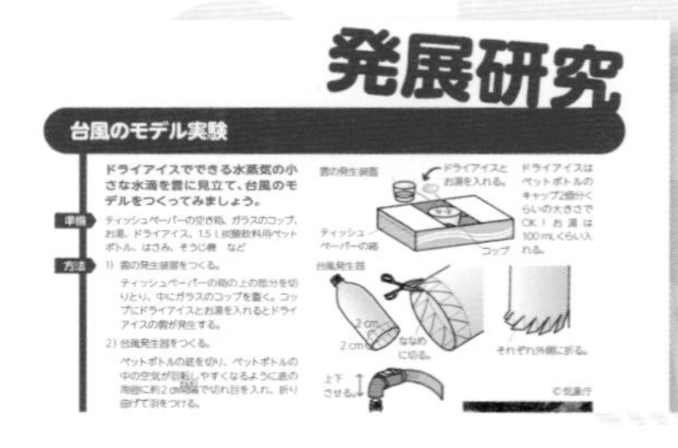

身近な道具の使い方の例

自由研究には、料理用品が大活躍。おうちの方に断ってから上手に使いましょう。

ストローの利用

スポイトがないときの代用に。

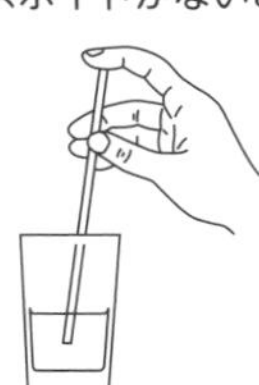

液につけて指でふさぐ。

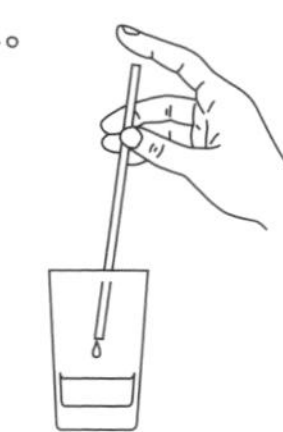

加えるところで指をはなす。

計量スプーンの利用

体積をはかるだけでなく、およその重さをはかりとる目安になります。

計量スプーン1杯分の体積

大さじ	15 mL
小さじ	5 mL

1 mL＝1 ccです。

計量スプーンすり切り1杯分の重さ

	大さじ	小さじ
水	15g	5g
食塩	15g	5g
砂糖	9g	3g

ぴったり分野診断

研究テーマが
どうしても決まらない！
──そんなあなたは、
下の「研究テーマ診断」を
試してみてください。
質問に「はい」か「いいえ」で
答えるだけで、
あなたにぴったりな
研究分野が
見つかります。

もくじ

ダウンロードして使える
レポートテンプレート

こちらから
https://gbc-library.gakken.jp

Gakken IDへの登録後※
コンテンツ追加 にて
【書籍識別ID】fek5m
【ダウンロード用パスワード】fhdf7dvy
ご入力ください。

※コンテンツの閲覧にはGakken IDへの登録が必要です。
書籍識別IDとダウンロード用パスワードの無断転載・複製を禁じます。
サイトアクセス・ダウンロード時の通信料はお客様のご負担になります。
サービスは予告なく終了する場合があります。

自由研究セミナー

「自由研究」とは「疑問に思ったことを、実験や観察などを通して明らかにし、ほかの人に伝えること」です。でも、自由研究をどのように進めていけばよいか、わからないことも多いですね。一つ一つ、具体的に見ていきましょう！

自由研究の進め方

自分なりの疑問をテーマにしよう

「自由研究」で、一番大変なのは「テーマを決める」ことかもしれません。

まずは、日常生活の中で、不思議に思ったことや興味を持ったことからテーマを探してみましょう。でも、どうしても決まらないということもありますね。

そういう時には本書のような実験本や教科書を見て、「面白そうだな」と思うことを、まずは実際にやってみましょう。すると、「この材料ではなく違う材料だったらどうなるのかな？」「温度を変えるとどうなるのかな？」などと自分なりの疑問が出てくると思います。

それをテーマにしてみましょう。

研究の目的を決めよう

テーマが決まったら、まずは仮説を立てましょう。

「～であれば、～なのではないだろうか」と、「あっているかどうかは今はわからないけど、自分ではこうだ思う」ということを「仮説」といいます。

例えば、「10円玉は酢のようにすっぱいものをかけるときれいになるのではないだろうか？」「ペットボトルに水とワックスを入れて、ライトを当てると夕日のように見える。ワックスのように乳化しているものであれば、同じことがおこるのではないだろうか？」などが仮説になります。

仮説があっているのかどうかを調べることが「研究の目的」になります。

2
研究を進める

**テーマが決まったら、
効率よく研究を進めるために、
具体的な研究計画を立てましょう。**

実験計画を立てよう

テーマと研究の目的が決まったら、実験計画を立てます。

研究で大切なのは「再現性」です。「同じ実験をもう一回やったときに同じような結果になる」「他の人がやっても同じような結果になる」というように、一度だけでなく再現できることが必要なのです。いきあたりばったりに進めても研究はうまくいきません。

また、失敗してやり直す場合や材料などを準備する時間も考えて、余裕を持ったスケジュールにしましょう。

材料や器具の準備

理科の授業の実験では、ビーカーなどの実験器具を使いますが、自由研究では同じものをそろえる必要はありません。なるべく身近にあるものを工夫して代用しましょう。

材料などをインターネットで購入する場合は、家の人に相談しましょう。

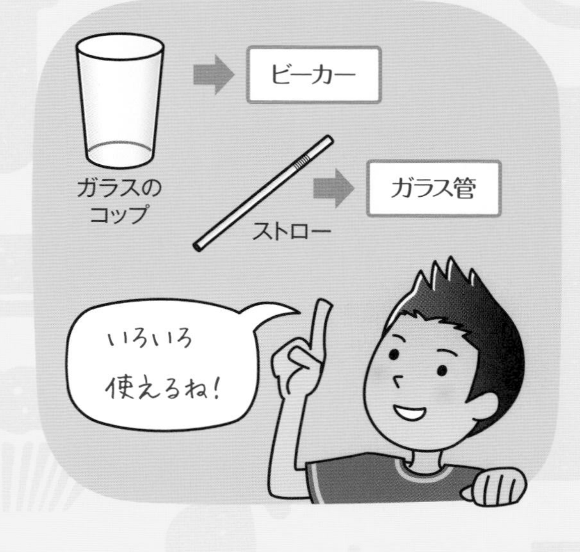

2

実験・観察

再現性のある研究を行うためには、実験に使う材料の量や使用する器具、加熱する時間等を詳細にメモしておく必要があります。
写真もたくさん撮っておくとよいでしょう。

最初に立てた実験計画でうまくいく場合もありますが、多くの場合は、調整が必要になります。

条件を変えて比較する実験では、比べるもの以外の条件は同じになるように注意しましょう。

実験や観察で得られる結果は、いろいろな条件によって変わってしまうことがあるので、日時、天候、気温などを記録します。
また、実験中に気づいたことを記録したり、写真を撮ったりしておくと考察するときに役立ちます。
そして、予想通りの結果が得られなくても、そのままのデータを記録します。
なぜそのようなデータが出たのかを考えると、新たな発見があるかもしれません。

一回だけの実験結果だと「たまたまそうなった」という可能性がありますね。そのため実験を数回くり返して行うことも大切です。

結果と考察

結果とは、実験をしてわかった「事実」です。考察とは、「なぜそのような結果になったかということを、教科書や書籍などをもとにして、自分なりに考えること」です。

専門家が見ると、もしかすると間違った「考察」かもしれませんが、自分で考えることが一番大切です。

3

レポートにまとめる

**研究が終わったらレポートを書きましょう。
ほかの人にわかりやすく正確に伝えることが
レポートの目的です。
次のようなポイントをおさえてレポートを完成させましょう。**

必要なことを順序よくまとめよう

レポートの内容は、次のような順序でまとめましょう。

①テーマ名（学年、組、名前を入れる）
②研究の動機と目的　③準備した材料や器具　④研究の方法
⑤実験・観察の結果（複数の実験の場合は結果のまとめも入れる）
⑥考察（そのような結果になった理由を自分なりに書く）　⑦参考文献

見やすい工夫をしよう

長い文を並べるよりも箇条書きで簡潔にまとめると読みやすくなります。実験・観察の方法や結果には図や写真を入れるとわかりやすくなります。
また、結果は表やグラフにまとめると変化のちがいがひとめでわかるようになります。

研究によっては、実験で使用した布や紙などのレポートをつけると迫力のあるレポートになります。

レポートのまとめ方の例

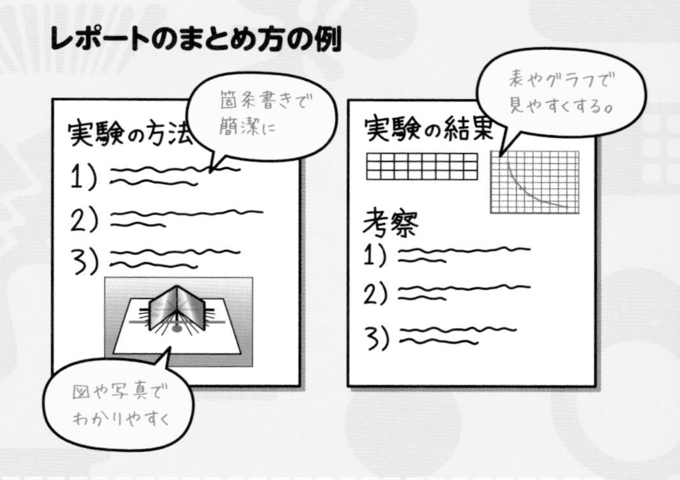

参考文献を調べよう

実験テーマや実験方法を決めるとき、そして考察するときには何かを参考にすると思います。本書のような実験本のほか、理科の教科書などが参考になりますね。またインターネットから情報を得る人も多いでしょう。

ただし、インターネットには誤った情報も多くあります。できるだけ、国の研究機関等のウェブサイトを参考にしましょう。参考にしたものについては本などの場合は書名・著者名・出版社名を書き、ウェブサイトについてはURLを明記します。

発表のしかた

発表をする場合は、模造紙やコンピュータなどを利用し、結果や結論がひとめでわかるようにしましょう。また、実際に研究でつくったものや写真を見せたり、実演実験を行ったりすると印象に残る発表になります。個性的な発表になるように工夫しましょう。発表のあとは、先生や友達の意見を聞いて、研究テーマに関する考えをより深めましょう。

時間 2時間　難易度 ★☆☆☆

ふっくらパンのなぞを探る!

【研究のきっかけになる事象】
ふっくらとしたパンのふくらみは、イースト(酵母)のはたらきによるものである。

【実験のゴール】
イーストのはたらきは、温度や加える材料によって変わるのか調べてみよう。

用意するもの
- ドライイースト(顆粒状)
- 砂糖
- 小麦粉
- 植物油
- 食塩
- 水
- 透明なプラスチックコップ
- 方眼紙(1 mm方眼)
- セロハンテープ
- 割りばし
- ラップフィルム
- 計量スプーン
- 発泡スチロール容器
- 温度計
- 重し
- はさみ

実験の手順

準備　容器をつくる

1 1 mm方眼の方眼紙を1 cm幅に切り、プラスチックコップの外側に垂直にはりつける。同じ容器を8個つくる。

1　温度によるイーストの活動のちがいを調べる

小さじ1=5 mL
大さじ1=15 mL

1 4個の容器に、それぞれドライイースト小さじ1杯、砂糖小さじ1杯、水大さじ1杯を入れて手早くかき混ぜ、ラップフィルムでふたをする。

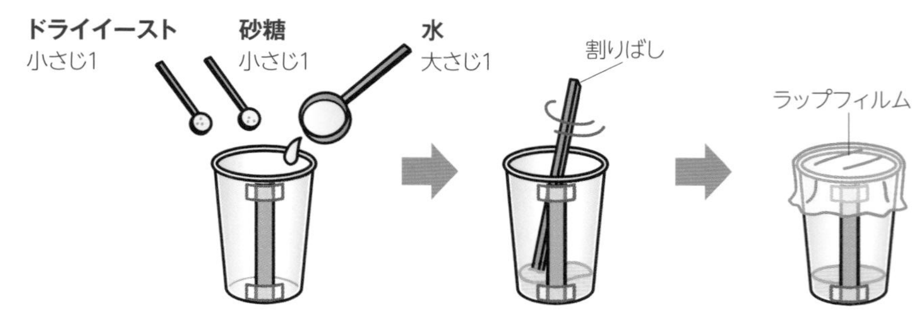

発泡スチロール容器は、口の広いカップめんの容器などを使うといいよ。

⚠注意　プラスチックコップに熱が加わると柔らかくなり、倒れやすくなるので注意しよう。

60 ℃の湯は、コップの中の液体よりも上まで入れる。熱湯を加えるときは、コップに直接かけないようにしよう。

容器が浮くのを防ぐための重しには、割れるものは使わない。

出てきた泡はくずれやすいので、容器はそっと扱うようにしよう。

2 **4個の容器をそれぞれ次のような場所に置く。**

①60 ℃に保つ。
発泡スチロール容器に60 ℃の湯を入れ、容器をつけて60 ℃に保つ。

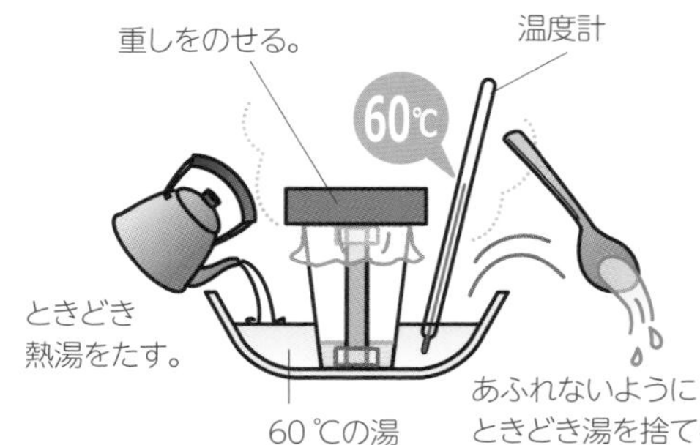

②冷蔵庫に入れる。
（約4 ℃）

③冷凍庫に入れる。
（約－18 ℃）

④室温に置く。

室温を
はかっておく。

3 **30分後、出てきた泡の高さを読みとる。**

容器と接している面のいちばん高いところから液面までの泡の高さを読みとる。

4 **さらに4個とも室温に置き、30分後に再び泡の高さを読みとる。**

室温に置く。

2 砂糖以外のパンの材料がイーストに与える影響を調べる

パンの材料にはバターがよく使われるけれど、常温ではとけにくいのでこの実験では植物油で代用するよ。

割りばしはそれぞれのコップで別のものを使おう。

コップの大きさによっては40分くらいで泡がラップフィルムに達するので注意しよう。

1 **実験の手順1 1 のように、ドライイースト小さじ1杯、砂糖小さじ1杯、水大さじ1杯を入れたものを4個用意し、パンの材料となる次のものをそれぞれ小さじ1杯ずつ加えて、割りばしで手早くかき混ぜる。**

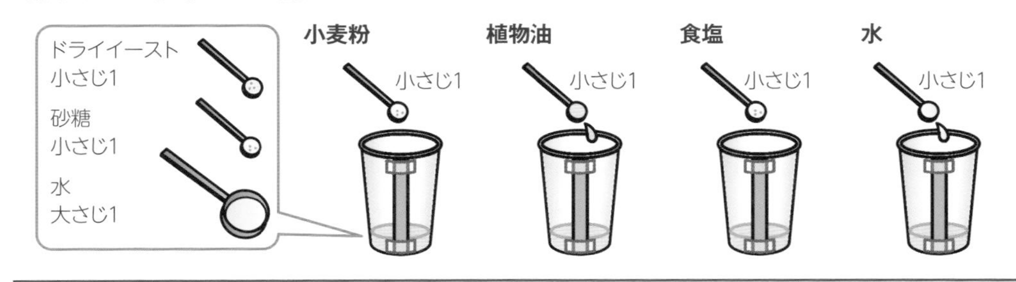

2 **ラップフィルムでふたをし、室温に約1時間置いた後、泡の高さを読みとる。**

実験の注意とポイント

●気温によってイーストの活動が異なるよ。気温が低い時期にはイーストの活動がにぶくなるため、あまり泡が出ないときは、置く時間を長くするか、室温の高いところで実験しよう。

レポートの実例

このレポートはひとつの例です。
実際には、自分で行った実験の結果や考察を書きましょう。

イーストのはたらきの研究

○年○組　○○○○

研究の動機と目的

パンのふくらみは、イーストという微生物が出すガスによるものであることを知った。パン作りでは条件によってイーストの活動が異なり、生地のふくらみ方がちがってくるという。そこで、イーストの性質について調べてみることにした。

＊ドライイースト（顆粒状）　＊砂糖　＊小麦粉　＊植物油　＊食塩　＊水
＊透明なプラスチックコップ　＊方眼紙（1 mm方眼）　＊セロハンテープ
＊割りばし　＊ラップフィルム　＊計量スプーン
＊発泡スチロール容器　＊温度計　＊重し　＊はさみ

実験1　**温度によるイーストの活動のちがいを調べた**

＞方法

（1）プラスチックコップに目もりとして方眼紙をはりつけた容器を8個つくり、これを実験に使う容器とした。
（2）4個の容器に、それぞれドライイースト小さじ1杯、砂糖小さじ1杯、水大さじ1杯を入れて手早くかき混ぜ、ラップフィルムでふたをした。
（3）4個の容器を、それぞれ次のような場所に置いた。

60 ℃に保つ

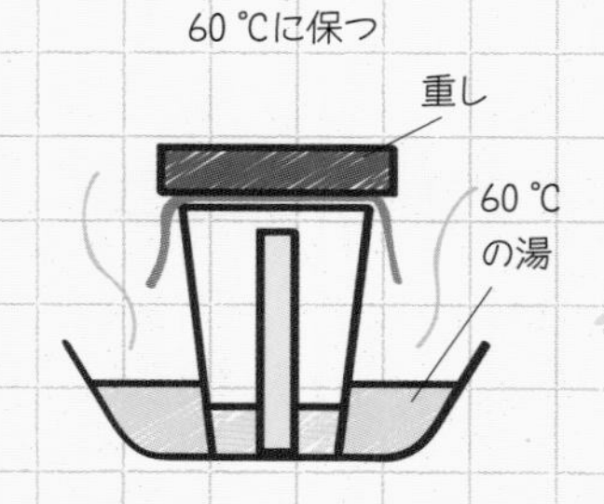

冷蔵庫の中
（4 ℃）

冷凍庫の中
（−18 ℃）

室温
（21 ℃）

（4）30分後、イーストの活動の目安として出てきた泡の高さを読みとった。泡の高さは、容器と接している面のいちばん高いところから液面までとした。
（5）その後これら4個の容器を室温に置き、30分後に再び泡の高さを読みとった。

＞結果

置いた場所		60 ℃の湯	冷蔵庫（4 ℃）	冷凍庫（－18 ℃）	室温（21 ℃）
泡の高さ	30分後	0 mm	6 mm	0 mm	18 mm
	1時間後	0 mm	20 mm	7 mm	35 mm

実験2 **砂糖以外のパンの材料がイーストに与える影響を調べた**

砂糖以外のパンの材料として、小麦粉、バター、食塩を考えた。バターは常温では固形でとけにくいので、植物油で代用することにした。

＞方法

(1) 実験1と同じように、ドライイースト小さじ1杯、砂糖小さじ1杯、水大さじ1杯を混ぜたものを4個用意し、次のものをそれぞれ小さじ1杯ずつ加えてかき混ぜ、ラップフィルムでふたをした。

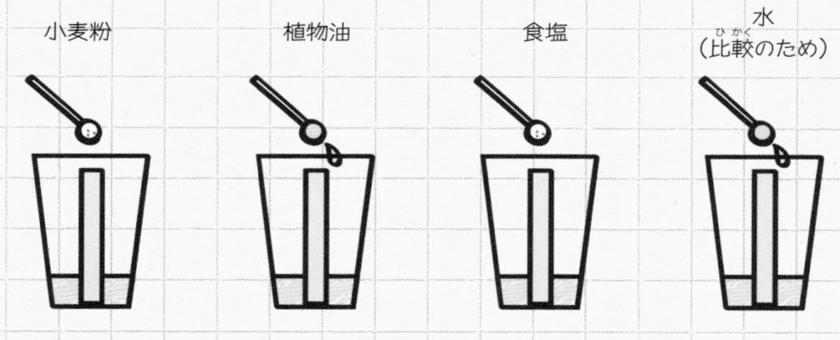

(2) 室温に1時間置いた後、泡の高さを読みとった。

＞結果

加えたもの	小麦粉	植物油	食塩	水
泡の高さ（1時間後）	32 mm	34 mm	3 mm	26 mm

考察

・イーストは低温すぎても高温すぎても活動せず、室温で最もよく活動した。低温にしたものは室温にもどせば活動を始めたが、高温にしたものは室温にもどしても活動しなかった。このことから、イーストは低温にしても死滅しないが、60 ℃以上では死滅してしまうと考えられる。

・パンの材料のうち、食塩はイーストの活動をおさえることがわかった。

サイエンスセミナー

イーストのはたらき

イーストは、酸素が十分にあるところでは私たちと同じように呼吸をしてエネルギーを得ていますが、パン生地の中のように酸素が不足しているところでは、パン生地の糖分を二酸化炭素とアルコール（エタノール）に分解してエネルギーをつくります。このはたらきを**発酵**（アルコール発酵）といいます。発酵によって発生した二酸化炭素がパン生地をふくらませ、ふっくらとしたパンができるのです。

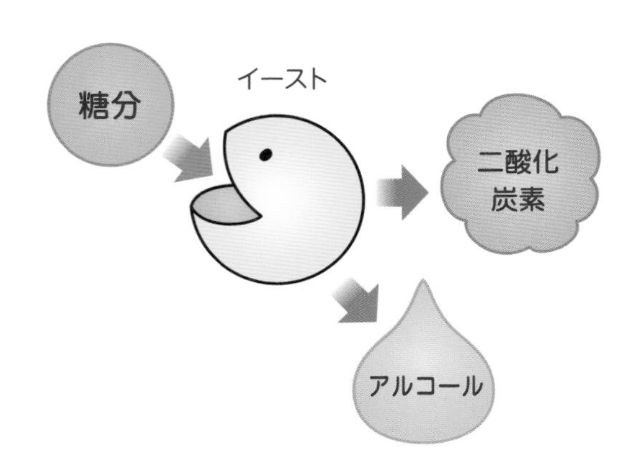

イーストが発酵するには、糖分などの栄養分と水、適当な温度が必要です。最も活発に活動する温度は30 ℃前後です。10 ℃以下になると活動は停止し、50 ℃以上になると死滅してしまいます。そのためパン作りでは、イーストがよく活動するように温度管理をすることが大切になります。

イーストとは

イーストは、日本語では**酵母**と呼ばれる微生物です（英語でyeast）。1個の細胞からできている単細胞生物で、キノコやカビなどと同じ菌類のなかまです。パン作りに使われるドライイーストは、自然界に存在するたくさんの種類の酵母のうち、パン作りに適した酵母（パン酵母）を選んで育て、乾燥させたものです。パンのほかにビールやワインなどの製造にも酵母が利用されています。

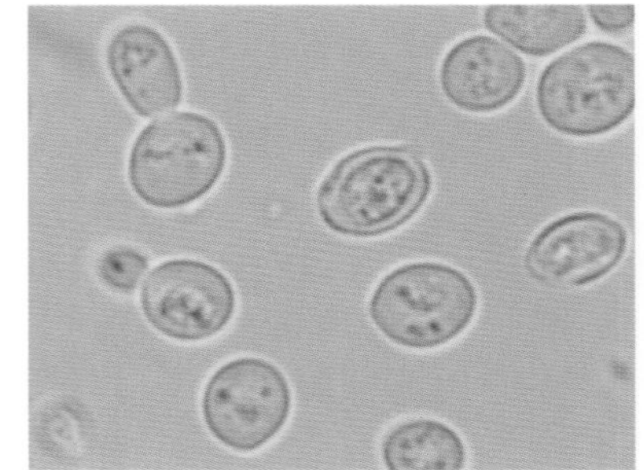

▲イースト（パン酵母）　©コーベット

イーストの活動と砂糖の量の関係を調べよう

イーストの栄養分となる砂糖の量によって、活動のしかたに差があるか調べてみましょう。

準備 ドライイースト、砂糖、水、10ページの準備でつくった容器、割りばし、ラップフィルム、計量スプーン

方法 1) 5つの容器にドライイーストを小さじ1杯ずつ入れ、次のような分量の砂糖を加え、さらに水を大さじ2杯ずつ加えてかき混ぜる。

砂糖なし

砂糖 小さじ$\frac{1}{4}$杯

砂糖 小さじ1杯

砂糖 小さじ4杯

砂糖 小さじ9杯

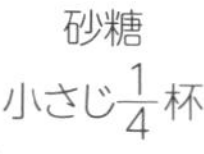

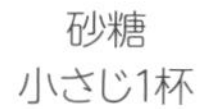

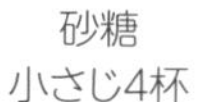

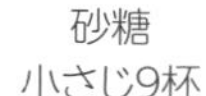

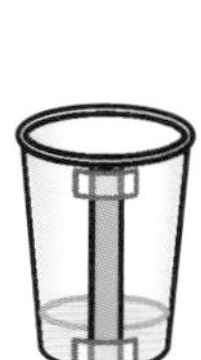

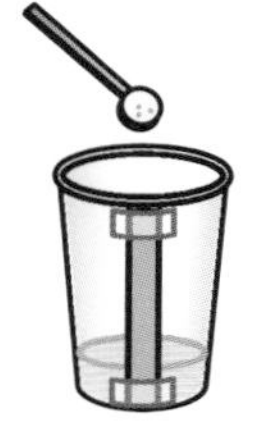

2) ラップフィルムでふたをして室温に置き、30分後、1時間後に泡の高さを読みとる。

結果

砂糖の量（小さじ）		0 杯	$\frac{1}{4}$杯	1 杯	4 杯	9 杯
泡の高さ	30 分後	0 mm	11 mm	14 mm	6 mm	2 mm
	1 時間後	0 mm	13 mm	21 mm	15 mm	3 mm

ワンポイント！

- 砂糖がないとイーストは活動しないが、砂糖が多すぎると活動がおさえられる。イーストが活発に活動するのに適した砂糖の量があると考えられる。
- 砂糖の量が少ないと、イーストの活動に必要な栄養分が途中でなくなって活動が止まってしまうと考えられる。

サイエンスセミナー

パンの材料の役割

イーストはパンをふくらませるのに必要ですが、ほかの材料にはどのような役割があるのでしょうか。

小麦粉は水と混ぜてこねると、グルテンというタンパク質ができ、イーストによって発生した二酸化炭素を逃がさずに閉じこめるはたらきがあります。食塩はイーストの活動をおさえてしまいますが、そのはたらきを利用して発酵の速さを調節し、生地をしっかりさせる、雑菌を防ぐなどの役割があります。砂糖はイーストの栄養分となって発酵を助けます。バターなどの油脂、牛乳などの乳製品、卵などの材料やイーストの発酵によってできたアルコールはパンに風味を与えてくれます。このように、いろいろな材料のはたらきが合わさっておいしいパンができるのです。

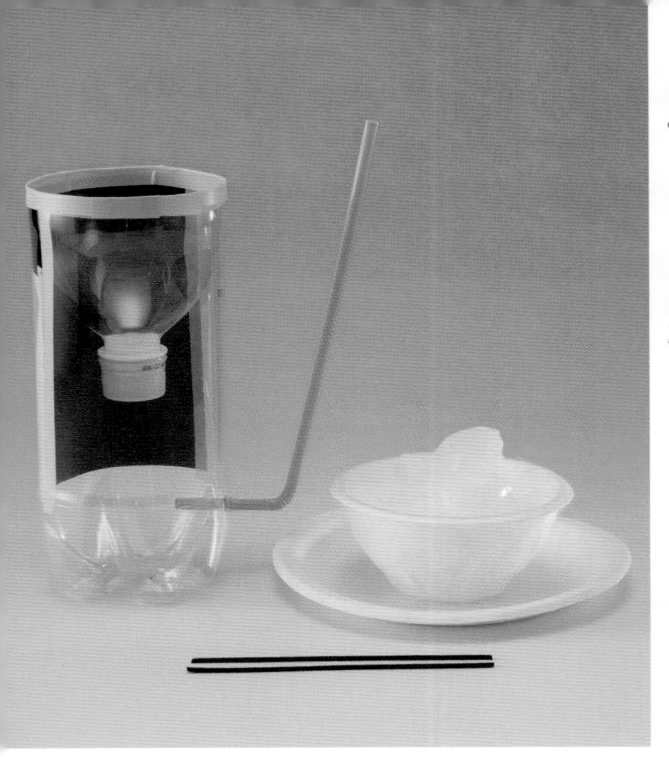

時間 2時間　難易度 ★★☆☆

ドライアイスで雲をつくる!

【研究のきっかけになる事象】
雲は空気中の水蒸気が上昇して冷やされてできる。

【実験のゴール】
ドライアイスを使って雲をつくり、雲ができるしくみを確かめてみよう。

用意するもの
- ドライアイス　▶1.5 L炭酸飲料用ペットボトル
- カッターナイフ
- はさみ　▶ビニルテープ　▶接着剤
- 黒い画用紙　▶線香　▶ライター　▶紙皿
- 先の曲がるストロー　▶トング(軍手でも可)

実験の手順　準備　装置をつくる

⚠**注意**　ペットボトルは切りづらいから、カッターナイフで手を切らないように注意してね。

1 ペットボトルの上の部分を切りとる。上の部分も使うので上手に切る。

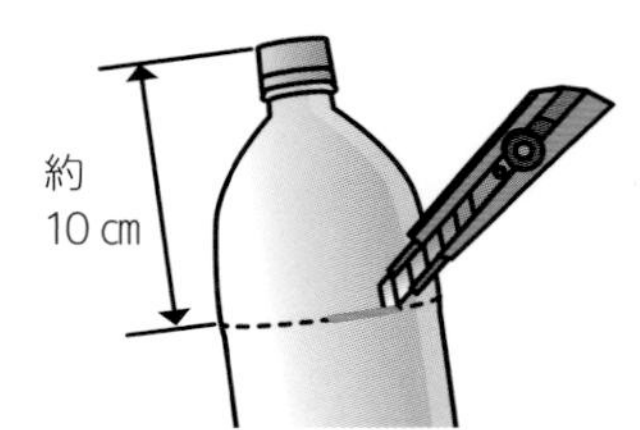

⚠**注意**　ペットボトルの切り口で手を切らないように注意してね。

2 容器内に黒い画用紙を入れ、ビニルテープで貼りつける。

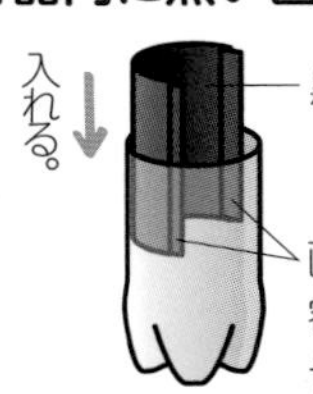

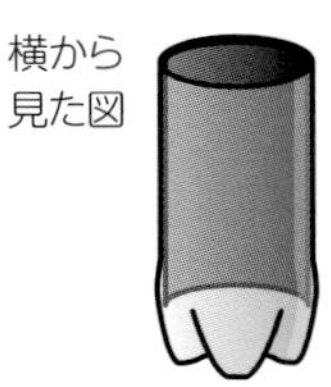

3 切りとった上の部分を逆さにしてはめ、ビニルテープでとめる。

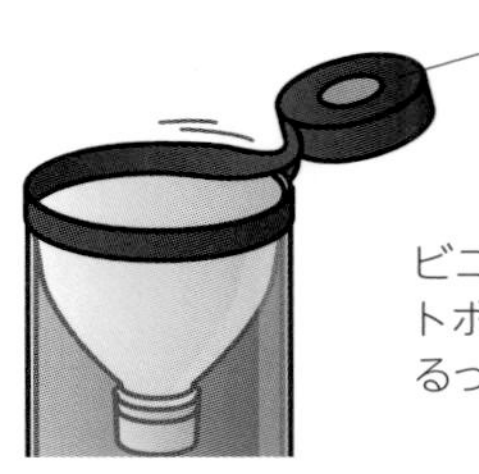

⚠注意　線香の火でやけどしないように注意してね。
火を使うときは、大人の人に見ていてもらおう。

線香の使用後は、火を消しておこう。

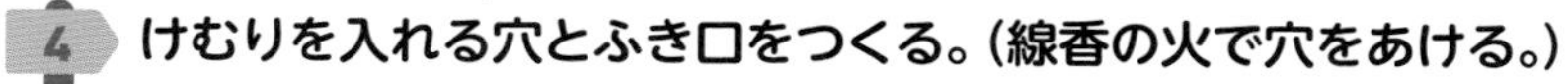

4 けむりを入れる穴とふき口をつくる。(線香の火で穴をあける。)

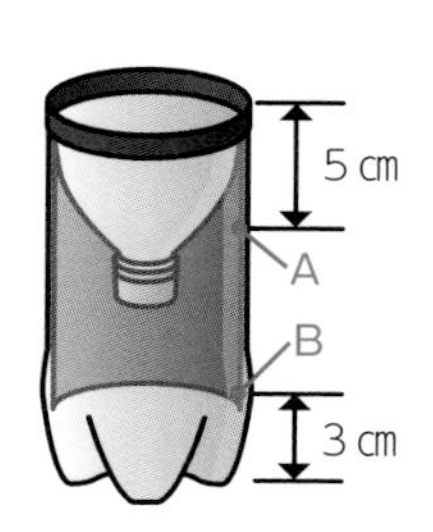

火のついた線香の先をペットボトルに軽く押し当てて、Aに線香3本分くらいの穴(直径3㎜程度)を、Bにストローがちょうど入るくらいの穴をあける。
(穴は画用紙と重ならないようにする。)

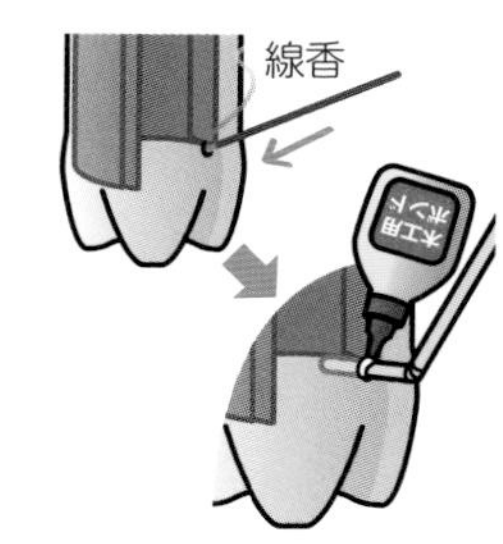

Bにあけた穴にストローをさし込み、すきまができないように接着剤でとめる。難しければビニルテープでとめる。

穴をあけるとき、力を入れすぎると火が消えてしまうので注意する。

1 雲をつくる

⚠注意　低温やけどに注意して、ドライアイスをつかむときはトングや軍手などを使って、手で直接持たないようにしよう。

1 実験を開始する15分前くらいにドライアイスで装置内の空気を冷やす。

装置の上の部分にドライアイスを入れ、紙皿などでふたをして15分くらいおく。
装置に入れるドライアイスの量は8分目くらいでよい。

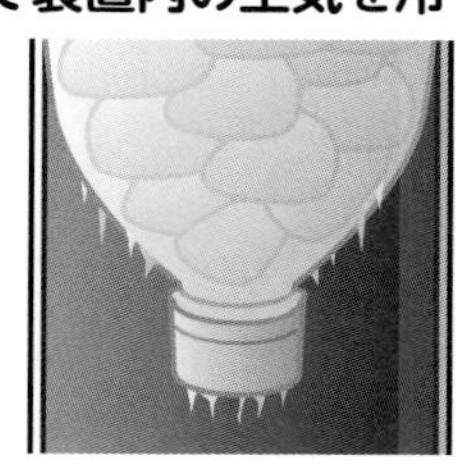

よく冷えてくるとドライアイスを入れた部分の表面に霜(しも)や小さい水滴(すいてき)が見られるようになる。

2 線香のけむりを装置内に入れる。

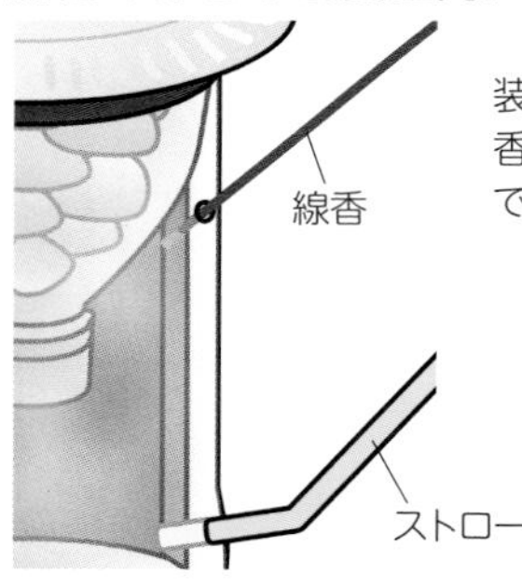

装置内に入れる線香のけむりは少量でよい。

3 ふき口から装置内に1～2回息をふき込み、水蒸気を送り込む。

ペットボトルの中で雲ができるようすを注意深く観察する。

実験の注意とポイント

●容器内がよく冷えていないと雲はできにくいよ。
●雲が発生するようすを動画で撮影(さつえい)しておくと考察しやすいよ。

レポートの実例

このレポートはひとつの例です。
実際には、自分で行った実験の結果や考察を書きましょう。

ドライアイスで雲をつくる

○年○組　○○○○

研究の動機と目的

いつも目にしている雲を実際につくってみたいと思い、雲のでき方について調べた。空気中の水蒸気が冷やされて、水蒸気が空気中にふくみきれなくなり、ちり（線香(せんこう)のけむり）を核(かく)として雲になるときのようすを実験で再現した。

＊ドライアイス　＊1.5 L炭酸飲料用ペットボトル
＊カッターナイフ　＊はさみ　＊ビニルテープ　＊接着剤
＊黒い画用紙　＊線香　＊ライター　＊紙皿
＊先の曲がるストロー　＊トング　など

実験準備　**実験装置の製作**

＞方法

(1) ペットボトルの上の部分を切りとり、内側に黒い画用紙を貼(は)った。
(2) 切りとった上の部分を逆さにしてはめ、ビニルテープでとめた。
(3) けむりを入れる穴とふき口をそれぞれつくった。

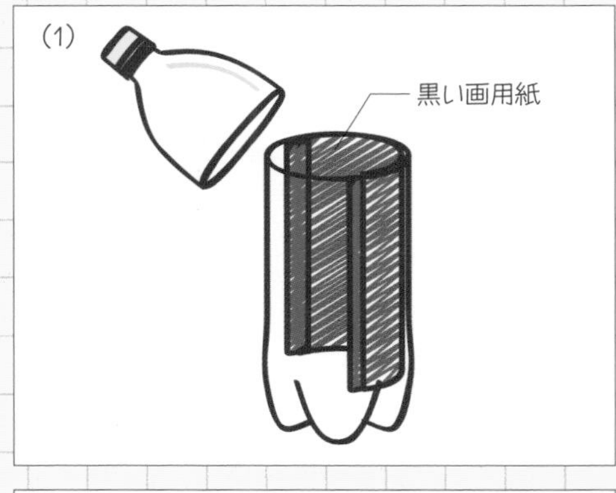

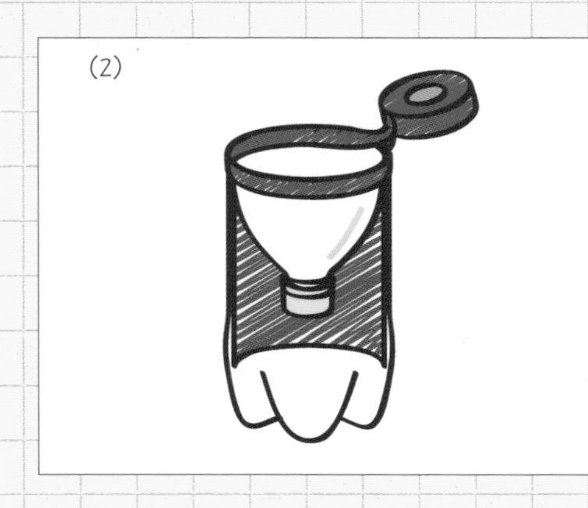

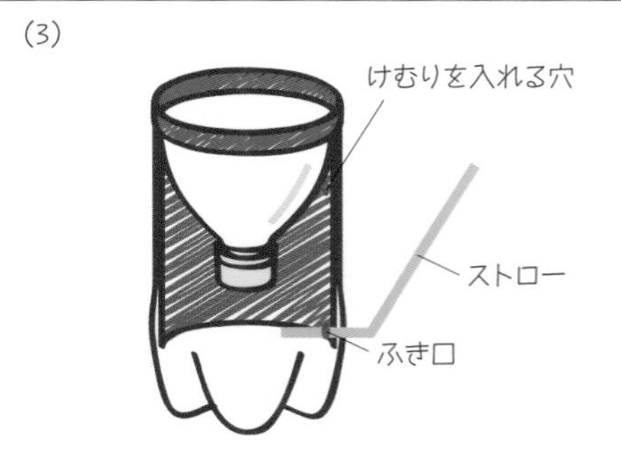

実験1 雲をつくった

>方法　(1) 実験装置にドライアイスを入れてふたをして15分ほどおき、装置内の空気を冷やした。
(2) 線香のけむりを装置内に入れた。
(3) ふき口から装置内に息をふき込み、水蒸気を送り込んだ。
(4) 雲のできるようすを観察した。

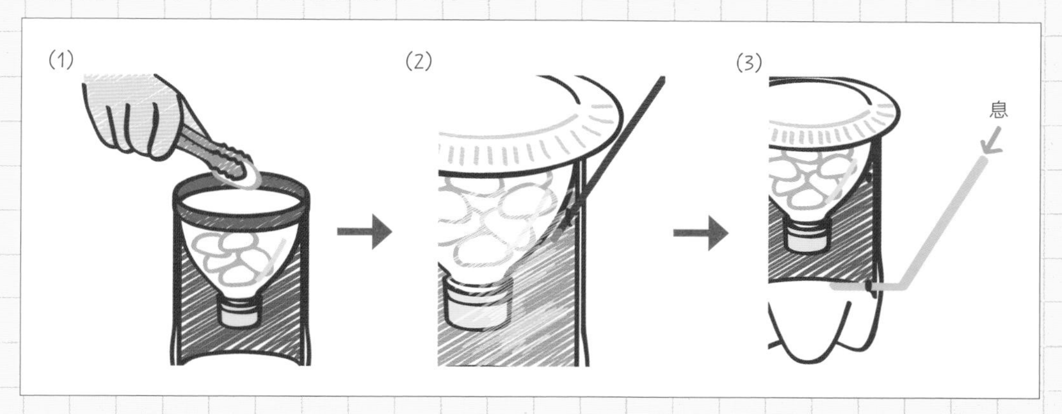

>結果　線香のけむりを入れると、ペットボトルの中がくもり、白いもや（これが雲に相当する）が観察できた。白いもやは1分間くらい出続けた。ときどきペットボトルの内側に水滴（すいてき）がつくようすも観察できた。
肉眼では観察できたが、うまく写真に撮（と）れなかったので動画で録画してみたところ、うまく撮れた。

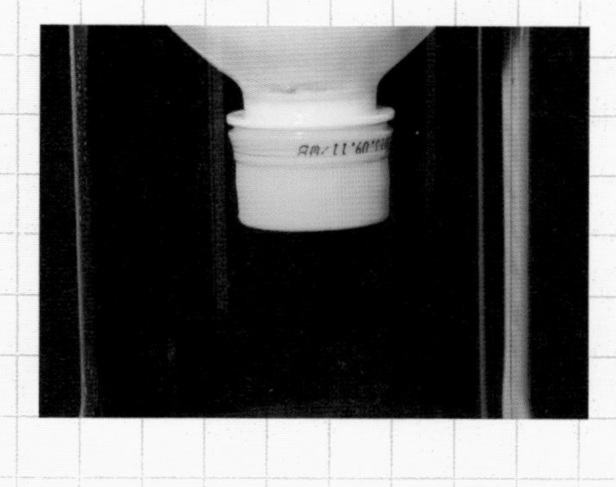

まとめ

・白いもやのような雲がうっすらと発生した。雲ができるようすを再現し、観察することができた。

考察

・線香のけむりを入れてから、雲というより白くてうすいもやが発生したので、線香のけむりではないかとも考えたが、線香をとり出した後もしばらく白いもやが出ていたことから、発生した白いもやは線香のけむりではないと考えられる。
・ドライアイスの冷気によってできるもやの可能性も考えたが、立ち上る白いもやは線香のけむりを入れてから発生したのでそれもちがうと考えられる。
・そこで、雲をつくる実験は成功したと考えた。

サイエンスセミナー

ドライアイスのけむりの正体

ドライアイスは、二酸化炭素の固体で、非常に低温（−78℃以下）の物質（ぶっしつ）です。気体になった冷たい二酸化炭素が空気中の水蒸気と接すると、空気中の水蒸気がとても小さな水滴（すいてき）になり、目に見えるようになります。空にうかぶ雲もこのような小さな水滴が集まってできたものが見えているのです。

雲ができるしくみ

実際の雲ができるしくみは右の図のようになっています。

雲をつくっている水滴や氷の粒（つぶ）は、雨の粒の約100分の1の直径しかないので、非常に軽く、落ちてきません。

今回の実験では、実験装置内に息をふき込むことで装置内の水蒸気の量をふやして、水滴ができやすくしています。

また、線香（せんこう）のけむりを入れたのは、線香のけむりを凝結核（ぎょうけつかく）（水滴ができるときの核）とすることで、雲の粒ができやすいようにするためです。実際の雲ができるときの凝結核は空気中をただよう細かいちりなどです。

※露点（ろてん）とは…図中にある「露点」とは、水蒸気が液体に変わるときの温度です。

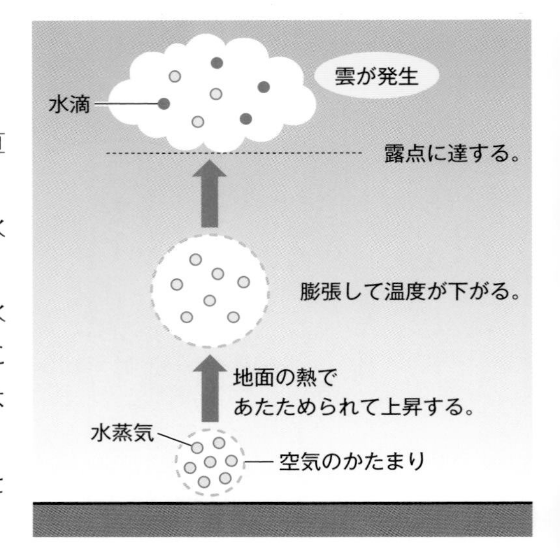

雲と霧（きり）のちがい

上記の「雲ができるしくみ」のように、雲は上昇（じょうしょう）した空気が膨張（ぼうちょう）して温度が下がることでできます。霧は地面や水面付近の空気の温度が下がることなどでできます。できるしくみはちがいますが、雲も霧も同じ空気中の水蒸気が冷やされてできた水滴からできています。

発展研究

台風のモデル実験

ドライアイスでできる水蒸気の小さな水滴を雲に見立て、台風のモデルをつくってみましょう。

準備 ティッシュペーパーの空き箱、ガラスのコップ、お湯、ドライアイス、1.5 L炭酸飲料用ペットボトル、はさみ、そうじ機　など

方法 1）雲の発生装置をつくる。

ティッシュペーパーの箱の上の部分を切りとり、中にガラスのコップを置く。コップにドライアイスとお湯を入れるとドライアイスの雲が発生する。

2）台風発生器をつくる。

ペットボトルの底を切り、ペットボトルの中の空気が回転しやすくなるように底の周囲に約2 cm間隔(かんかく)で切れ目を入れ、折り曲げて羽をつける。

3）台風発生器を使って雲を吸い上げる。

雲の発生装置でドライアイスの雲を発生させ、そこに台風発生器をのせ、そうじ機で雲を吸い込む。このとき、そうじ機はいちばん弱く吸い込むモードにしておき、ホースの先を上下させて反時計回りの渦(うず)がうまくできる位置を探す。

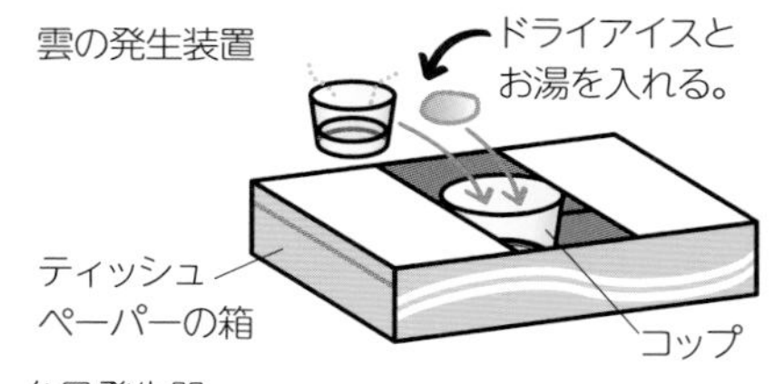

ドライアイスはペットボトルのキャップ2個分くらいの大きさでOK！ お湯は100 mLくらい入れる。

台風発生器

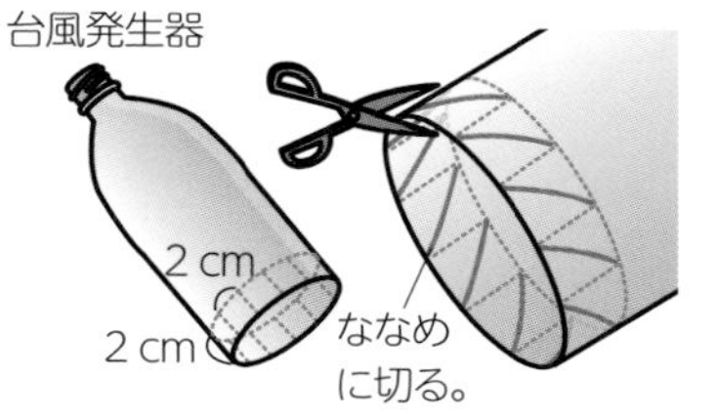

©気象庁

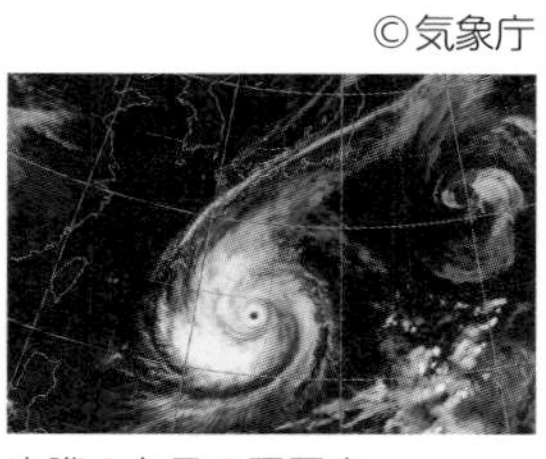

実際の台風の雲写真

結果 ドライアイスの雲は吸い上げられるとき、上昇しながら反時計回りの渦になり、上から見ると台風の雲写真と同じ形に見えた。

ワンポイント！ ●雲の発生装置でドライアイスの雲の出が悪くなったら、ドライアイスをそのままコップに追加せず、コップ内の水を捨ててドライアイスとお湯を入れなおす。

サイエンスセミナー

コリオリの力

北半球では、台風は反時計回りに風がふき込(こ)みます。これは、風のふく向きに影響(えいきょう)を与(あた)えるコリオリの力がはたらいているためです。上の実験では、羽によってペットボトルに入る空気の向きを反時計回りにしています。

風は気圧(きあつ)の高いところから低いところへまっすぐふくはずなのですが、（大きな大気(たいき)の流れで見ると）北半球では進行方向から少し右側にそれていきます。逆に、南半球では進行方向から少し左側にそれていきます。

これは地球が自転(じてん)しているために起こる現象で、実際に力がはたらいているわけではありません。このように、あたかも風にはたらいているように見えるみかけの力を、コリオリの力といいます。このコリオリの力は、風だけでなく自転している地球上でのいろいろな運動に影響を与えています。

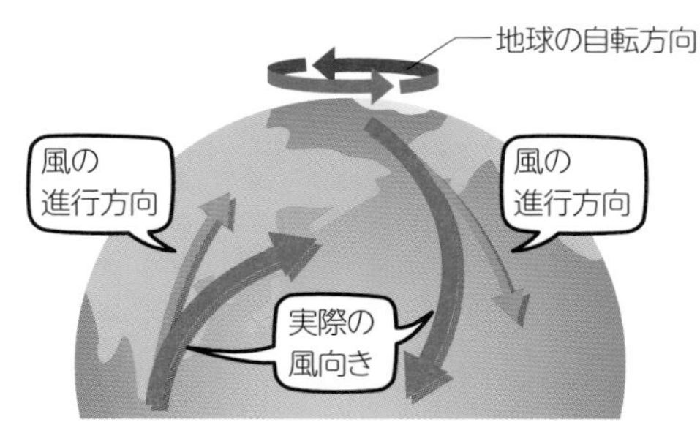

時間 2時間　難易度 ★☆☆☆

ガムをとかす食材の研究

【研究のきっかけになる事象】
口の中でガムとチョコレートを一緒に食べると、ガムはだんだんとけていってしまう。

【実験のゴール】
ガムをとかす食材は何か、何を混ぜるととけるのかを調べてみよう。

用意するもの
- 板ガム　▶水　▶チョコレート　▶えびせん
- ポテトチップス　▶マヨネーズ　▶サラダ油
- 牛脂（ぎゅうし）　▶砂糖
- 透明（とうめい）なプラスチックのコップ(8個)
- 割りばし　▶小さじ　▶ふきん　など

実験の手順 1　板ガムをいろいろな食材と混ぜ、どのようにとけるかを調べる

⚠**注意**　すりつぶすとき、割りばしのとげが手にささらないよう気をつけよう。

1 コップを6個用意し、板ガムを細かくちぎって入れて割りばしでよくすりつぶす。ガムは、つぶすにつれてだんだんとやわらかくなっていく（入れ物には、プリンのカップなども使える）。

板ガムがかたくてすりつぶしにくいときは、
手のひらや指のはらなどでガムをあたためてから行うとすりつぶしやすい。

細かくちぎったガム

→

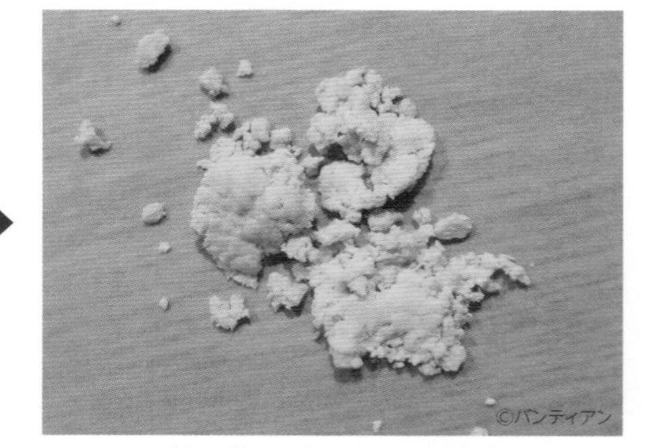

割りばしですりつぶした状態

⚠注意　いちどとかしたガムは、ぜったい口に入れないようにしよう。

2 すりつぶしたガムに水、チョコレート、えびせん、ポテトチップス、マヨネーズ、サラダ油をそれぞれ入れて、割りばしですり混ぜる。
チョコレートは細かく刻(きざ)んで加え、湯せんでとかしながらすり混ぜる。
えびせんやポテトチップスは水分が少ないため、少量の水を加えるとすり混ぜやすい。

3 ガムがどのように変化したのか、ようすを観察し、記録して表にまとめる。

2 牛脂、砂糖をそれぞれ板ガムにすり混ぜて、ガムがとけるかを調べる

1 コップを2個用意し、板ガムをそれぞれに入れてすりつぶしておく。

2 牛脂をあたためてとかし、液状にする。

電子レンジやフライパンなどであたためる。

牛脂はスーパーなどで肉を買うともらえることが多いよ。

⚠注意　牛脂をとかすときに、やけどをしないように気をつけよう。

3 すりつぶしたガムに、とかした牛脂と砂糖をそれぞれ加えてすり混ぜ、ガムがとけるか調べる。
砂糖を加えるときは、水も小さじ1杯(ぱい)加える。

4 ガムの変化のようすを観察し、記録して表にまとめる。

実験の注意とポイント

- ●使用する食材はメーカーによって成分が変わることがあるので、予想どおりの結果にならないことがあるよ。
- ●食材どうしが混ざらないように、実験の手順1、2ですりつぶしたり混ぜ合わせたりするのに使った割りばしは、食材をかえるたびにきれいにしよう。
- ●ガムをとかす実験なので、食事に使う食器などは使用せず、実験後に捨てられるプラスチックのコップなどの容器を使うようにしよう。

レポートの実例

このレポートはひとつの例です。
実際には、自分で行った実験の結果や考察を書きましょう。

ガムをとかす食材の研究

〇年〇組　〇〇〇〇

研究の動機と目的

　ガムをかみながらチョコレートを食べたら、口の中でガムがやわらかくなり、小さくなってしまった。チョコレートにはガムをとかす力があるのだろうか。チョコレートのほかにも、ガムをとかす食材はあるのだろうか。気になったので、調べてみた。

＊板ガム　＊水　＊チョコレート　＊えびせん
＊ポテトチップス　＊マヨネーズ　＊サラダ油　＊牛脂（ぎゅうし）
＊砂糖　＊透明（とうめい）なプラスチックのコップ（8個）
＊割りばし　＊小さじ　＊ふきん　など

実験1　ガムにいろいろな食材を混ぜ合わせて、ガムがとけるかを調べた

＞方法

（1）板ガムを半分にして細かくちぎってコップに入れ、割りばしですりつぶした。
（2）ガムをすりつぶしたところへ、水、チョコレート、えびせん、ポテトチップス、マヨネーズ、サラダ油をそれぞれ入れ、割りばしでさらにすりつぶした。
チョコレートは湯せんであたためながらすり混ぜ、えびせんとポテトチップスは水分が少ないので、水を少し加えながらすり混ぜた。

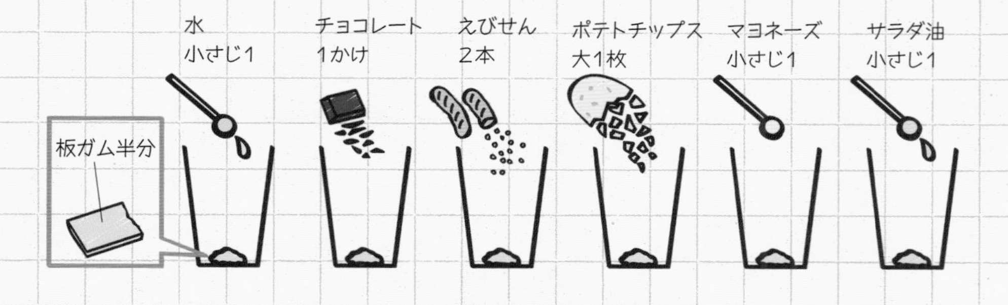

＞結果

ガムは、次の表のようになった。水ではまったくとけず、チョコレート、マヨネーズ、サラダ油ではとけたが、それ以外はとけたというよりも分離（ぶんり）して小さくなったように見えた。

水 （小さじ1）		ガムがかたまりになった。 とけることはなかった。
チョコレート （1かけ）		強いねばりがあったのでガムがとけていると思われる。
えびせん （2本） ※水を少し加えた。		ねばっとしたかたまりになった。 ガムはほとんどとけていなかった。
ポテトチップス （大1枚） ※水を少し加えた。		ガムはかなりとけ、小さい粒（つぶ）に分かれた。
マヨネーズ （小さじ1）		ガムはとけ、小さい粒が残った。 とけたあとのものは強いねばりがあった。
サラダ油 （小さじ1）		ガムはほとんどとけた。 緑色の液体になった。

実験1の結果からわかったこと

　ガムは、油や砂糖が入っている食材でとけることがわかった。実験1では植物性の油（サラダ油）を使用したので、動物性の油でもとけるのか、また砂糖だけでもとけるのか実験して確かめてみることにした。

実験2 すりつぶしたガムに牛脂と砂糖をそれぞれ混ぜ合わせて、ガムがとけるかを調べた

＞方法　(1) 板ガム半分を細かくちぎってコップに入れ、割りばしですりつぶした。

(2) ガムをすりつぶしたところへ、1つにはとかした牛脂小さじ1、もう1つには砂糖小さじ1と水小さじ1を加え、すり混ぜた。

＞結果　ガムは、以下のようになった。

とかした牛脂 (小さじ1)		ガムはとけ、細かい粒が残った。 目に見えるガムは少しだけになった。
砂糖(小さじ1) ＋水(小さじ1)		ガムはとけなかった。

まとめ

実験1でガムの量が少なくなった順は、サラダ油＞チョコレート・マヨネーズ・ポテトチップス＞えびせん　だった。

油の種類(植物性油脂と動物性油脂)や、砂糖との関係を確かめた実験2では、牛脂ではガムはよくとけ、粒が少し残っただけだった。砂糖では、とけたり小さくなったりすることはなかった。

考察

ガムは、油脂をふくんだ食材であればある程度とける(分離する)ことがわかった。

実験1の結果には油脂の量が関係あるのかと思い、食材のパッケージで脂質の量を調べたところ、実験に使用した量あたりの各食材の脂質は、サラダ油＞マヨネーズ＞チョコレート＞ポテトチップス＞えびせん　の順だった。このことと実験1の結果から、脂質の量が多いほど、ガムはよくとけると考えられる。

また、ガムがとけるのは、ガムの原料の1つに酢酸ビニル樹脂やグリセリンなどを使用していることが理由のようだ。

食材内の油脂がガムの成分と反応してガムをとかすため、油脂をふくんだ食材と一緒にガムは食べない方がよいということがわかった。

ほかの種類のガムを使って、ガムがとけるかを調べよう

キシリトール入りのガムや、香料入りのガムでも同じようにとけるか、調べてみましょう。

準備 キシリトール入りのガム（砂糖の衣がついている粒ガムを使用）、香料入りのガム（味が長続きし、かんでいくうちに味が変わっていくものを使用）、マヨネーズ、水、透明なプラスチックのコップ2個、割りばし

方法
1) キシリトール入りのガムと香料入りのガムを、それぞれ細かくちぎってコップに入れる。
2) 割りばしですりつぶしたあと、それぞれのガムにマヨネーズを小さじ1杯加え、さらにすり混ぜる
（ガムのとけるようすが確認しやすいため、マヨネーズを使用している）。

結果 ガムは、以下のようになった。

＊このページの写真は、すべて©パンティアン

キシリトール入りのガム		ガムは細かく分かれてとけたようだ。
香料入りのガム		ガムがとけて細かくなるのに、キシリトール入りのガムの倍程度の時間がかかった。粒が多数残った。

キシリトール入りのガムや香料入りのガムも、ふつうの板ガムと同じような変化があった。
ただし、香料入りのガムの方が、キシリトール入りのガムよりもとけるのに時間がかかった。

ワンポイント！
- キシリトール入りのガムはまわりに固い砂糖の衣がついていることがある（これを、糖衣ガムという）。ほかのガムと条件を同じにするために、砂糖の衣をきれいに取り除いてから実験に使う。
- このほかにも、歯みがきガムや風船ガムなど、いろいろな種類のガムがある。それらでも試してみるとよい。

サイエンスセミナー

ガムは何からできている？

ガムは、「ガムベース」に砂糖や香料を加えることで、甘い味がしたり、いろいろな香りがしたりするガムをつくることができます。このガムベースは、主に「植物性樹脂」や「酢酸ビニル樹脂」を原料に、かみ心地をよくする「エステルガム」、ガムに弾力を持たせる「ポリイソブチレン」など、さまざまな材料を混ぜ合わせてつくられています。主原料の植物性樹脂は、中南米や東南アジアに生えるサポディラなど特定の木の樹液を採取し、煮つめてかためてつくります。これらのほかにも、水、グリセリンなどの軟化剤もバランスよく混ぜることで、口の中の温度でちょうどよいやわらかさになるようになっています。

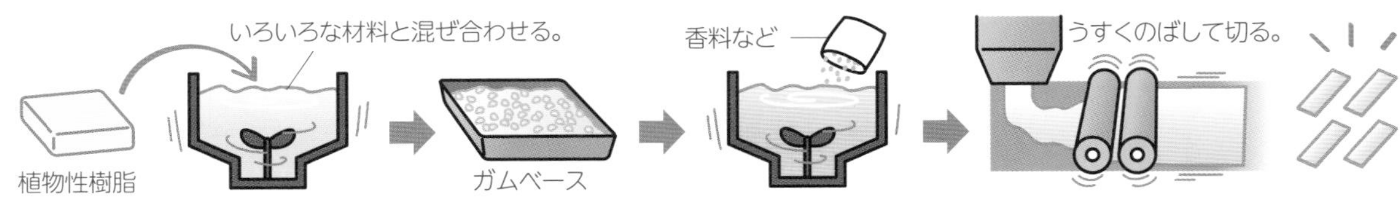

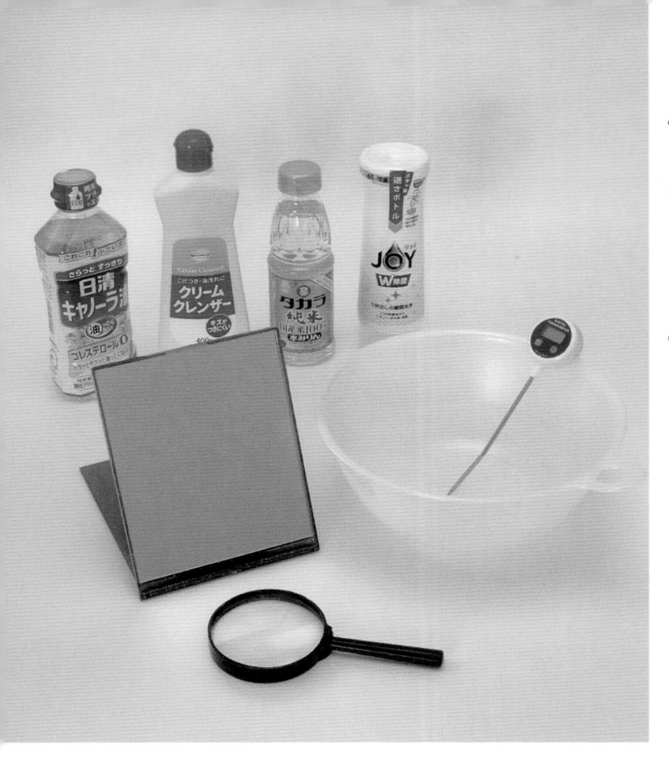

時間 3時間　難易度 ★★☆☆

鏡の"くもり"を防ぐには?

【研究のきっかけになる事象】
お風呂場で鏡を見ようとすると、くもっていることが多い。

【実験のゴール】
くもりを防ぐにはどんなものが役に立つのか、いろいろな材料を鏡にぬって調べてみよう。

用意するもの
- 鏡
- ボウル
- 温度計
- ルーペ
- ストロー
- セロハンテープ
- 食酢
- みりん
- 台所用洗剤(界面活性剤入りのもの)
- 植物油
- 石けん(固形のもの)
- くもり止め剤
- ハンドクリーム
- 液体クレンザー
- 布(みがき用)
- ティッシュペーパー
- 時計
- うちわ　など

実験の手順 1 くもりの状態やでき方・消え方を観察する

実験1では表面の汚れがくもりと関係があるか調べるよ。新しい鏡を使う場合は、手でさわるなどして汚そう。

鏡は割れるととても危険だよ。扱いに注意しよう。

液体クレンザーでみがいても、ふつう鏡に傷はつかないけれど、強くこすり過ぎないようにしよう。

1 鏡の右半分だけを液体クレンザー数滴と布で軽くみがいて水洗いし、ティッシュペーパーでふき取る。

セロハンテープで半分に区切るとわかりやすい。

2 ボウルに約50 ℃の湯を入れ、湯面から5 ㎝くらいの位置で鏡を湯気に1分間当てる。

⚠注意　熱湯でやけどをしないように気をつけよう。

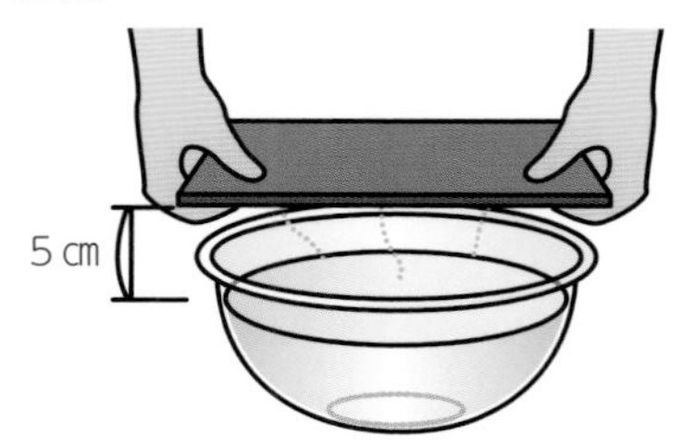

3 鏡のくもりをルーペで詳しく観察する。また、くもりの消え方はどちらが早いか観察する。

くもりが消えてしまったら **2** をくり返す。

4 **2** のあと、図のようにうちわであおがない場合とあおぐ場合とでくもりの消えるまでの時間を比べる。

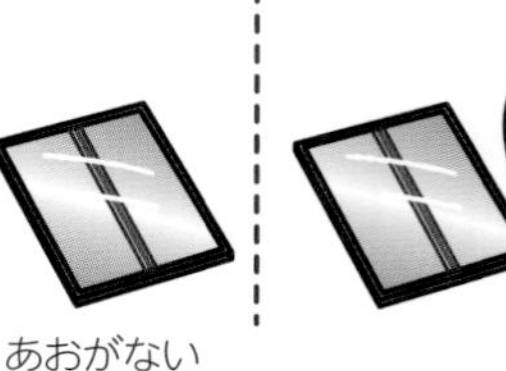

2 鏡の表面の温度とくもりの関係を調べる

1 **きれいにした鏡の表面の温度を次のようにして変える。**
A. 冷蔵庫内で十分に冷やす（低温）。
B. 部屋の中にそのまま置く（室温）。
C. 鏡の表面をドライヤーで熱する（高温）。

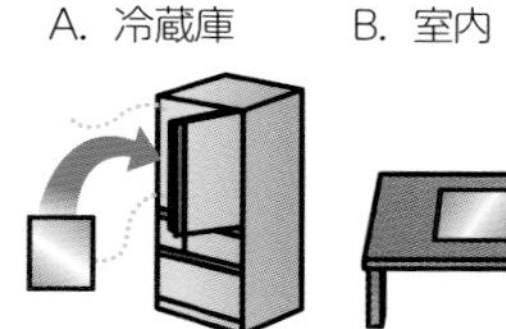

2 **実験の手順1と同じように、鏡を1分間湯気に当て、くもり具合を観察する。**

3 鏡の表面にいろいろな材料をぬり、くもるようすを調べる

⚠**注意**　洗剤は書いてある注意事項をよく読み、指示にそって使うこと。ほかの物質や洗剤と混ぜないこと。

材料をぬりすぎてしまったらティッシュペーパーでふきとろう。ぬり方やふき方、湯気の温度や当て方などで、同じ材料でもくもり方は変わるよ。できるだけ統一した方法にしよう。

1 **右のA～Hの材料をティッシュペーパーにふくませて、きれいにした鏡の表面にぬり、鏡を1分間湯気に当ててくもり具合を観察する。**

セロハンテープで鏡の表面を8分割して材料をぬり分け、お湯をはったお風呂場で一度に全部のくもり具合を比べる。

8つの材料を一度にぬれない場合は、毎回材料をぬる前に、鏡の表面を液体クレンザー数滴と布で軽くみがいて水洗いし、ティッシュペーパーでふきとる。

〈表面にぬる材料〉
A. 水
B. 食酢
C. みりん
D. くもり止め剤
E. ハンドクリーム
F. 石けん水（固形石けんを水にとかしたもの）
G. 台所用洗剤
H. 植物油

4 表面にぬった材料によって水滴の形がどうなるかを調べる

水にストローをさし、指でストローの上の穴をふさぎながらそのまま持ち上げると水をすくえるよ。鏡の上で指をはなすと水が落ちるよ。

1 **きれいにした鏡を平らな面に置き、ストローで約3 cmの高さから水を1滴落とし、できた水滴のようすを観察する。**

2 **きれいにした鏡の表面に、次の材料を別々にぬり、1 の実験を行う。**
・石けん水　・台所用洗剤
・くもり止め剤　・植物油

レポートの実例

このレポートはひとつの例です。
実際には、自分で行った実験の結果や考察を書きましょう。

くもり止めの研究

○年○組　○○○○

研究の動機と目的

お風呂場で鏡を見ようとすると、いつもすりガラスのようにくもってはっきりと見ることができない。そこで、くもりができる原因は何か、また、身近なものでくもりを防ぐことはできないか、実験してみることにした。

準備したもの

＊鏡　＊ボウル　＊温度計　＊ルーペ　＊ストロー　＊セロハンテープ
＊食酢　＊みりん　＊台所用洗剤（界面活性剤入りのもの）　＊植物油
＊石けん（固形のもの）　＊くもり止め剤　＊ハンドクリーム　＊ティッシュペーパー
＊液体クレンザー　＊布　＊時計　＊うちわ

実験1　**鏡の半分をみがき、くもりを観察した**

＞方法

(1) 鏡の表面をセロハンテープで2等分し、右半分だけを液体クレンザーと布でみがき、約50 ℃の湯の湯気に1分間当てたあと、表面をルーペで観察した。

(2) (1) のあと、鏡をうちわであおがない場合とあおぐ場合とでくもりの消え方を比べた。

＞結果

(1) ルーペで見ると、非常に小さな半球状の水の粒がたくさん集まっていた。

(2) よごれたままの鏡とみがいた鏡の、くもり方・消え方・風の影響

よごれ具合	くもるようす	くもりやすさ	くもりの消えやすさ	風の影響
よごれた鏡	よごれの模様になった	くもりやすかった	消えにくかった	みがいた鏡より少しあとに消えた
みがいた鏡	均一なくもりになった	くもりにくかった	消えやすかった	早く消えた

実験2 鏡の温度とくもりの関係を調べた

＞方法　きれいにした鏡の表面の温度を、次のように変えた。

A．冷蔵庫（低温）　B．部屋の中（室温）　C．ドライヤーで加熱（高温）

実験1と同じように50℃の湯の湯気に1分間当て、A～Cのくもり方を比べた。

＞結果　A…すぐにくもった。　B…くもった。　C…くもらなかった。

実験3 鏡の表面にいろいろな材料をぬって、くもるようすを比べた

＞方法　下のA～Hの材料を鏡にぬり、湯気に当てて、表面のようすを観察した。

＞結果

ぬった材料	くもるようす	ぬった材料	くもるようす
A．水	少しくもった	E．ハンドクリーム	食酢より少しくもりにくい
B．食酢（原液）	水よりわずかにくもりにくい	F．石けん水（固形）	一番くもりにくく、ぬれた感じ
C．みりん（原液）	食酢より少しくもりにくい	G．台所用洗剤	一番くもりにくく、ぬれた感じ
D．くもり止め剤	食酢より少しくもりにくい	H．植物油	少しくもった

くもりやすい ⟷ くもりにくい

水　食酢　みりん　石けん水

植物油　くもり止め剤　台所用洗剤

ハンドクリーム

実験4 鏡の表面にぬったもので、水滴（すいてき）の形がどうなるかを調べた

＞方法　右の図のように鏡を水平に置き、下の材料を表面にぬり、ストローで3 cm上から水を1滴落とし、水滴のようすをルーペで観察した。

・石けん水　・台所用洗剤

・くもり止め剤　・植物油

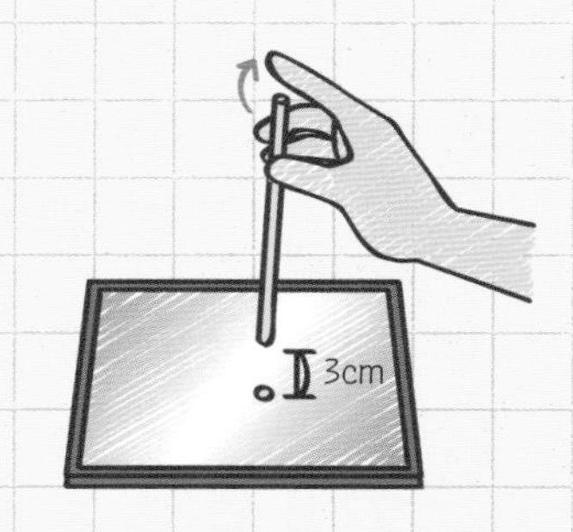

＞結果　できた水滴の状態は、右図のXとYに分けられた。

X　Y

ぬった材料	水滴の状態
何もぬらない	Y：もり上がった半球状の水滴
植物油	Y：もり上がった半球状の水滴
くもり止め剤	Y：もり上がった半球状の水滴
石けん水	X：広がって水滴にならない
台所用洗剤	X：広がって水滴にならない

考察

- 実験1と2から、くもりの正体は大量の水滴で、①核になる小さなちりがある、②風がない、③温度が低いなどの条件がそろうとくもりができやすく、消えにくいことがわかった。
- 実験3と4から、鏡の表面に石けん水や台所用洗剤をぬると、水はうすい膜になって水滴ができないので、くもりを防げることがわかった。石けん水や台所用洗剤には界面活性剤という物質が入っていて、これが水の表面張力を下げ、水滴をできにくくするため、くもり止めになるようだ。
- 植物油をぬった面では、水滴が球形になり、くもり止めには向かないことがわかった。
- 以上のことから、きれいな鏡の表面に界面活性剤入りの材料をぬれば、くもりにくくなるといえる。

サイエンスセミナー

界面活性剤のはたらき

界面とは表面のことで、2つの物質の境界面をさしています。実験でいえば、鏡と空気の境目、水と鏡の境目、くもりの水滴と空気の境目などがそうです。

界面活性剤とは、この界面に作用して界面の性質を変える物質です。分子の基本構造は、水になじみやすい部分（親水基）と水になじみにくい部分（疎水基）をもち、図のような形をしています。実験で、石けん水や台所用洗剤をぬった鏡がくもりにくかったのは、鏡の表面にある界面活性剤の親水基がくもりの水滴の表面にくっつき、疎水基が水から逃げようとして空気のほうを向いて並ぶので、水滴にならずに広がったからです。

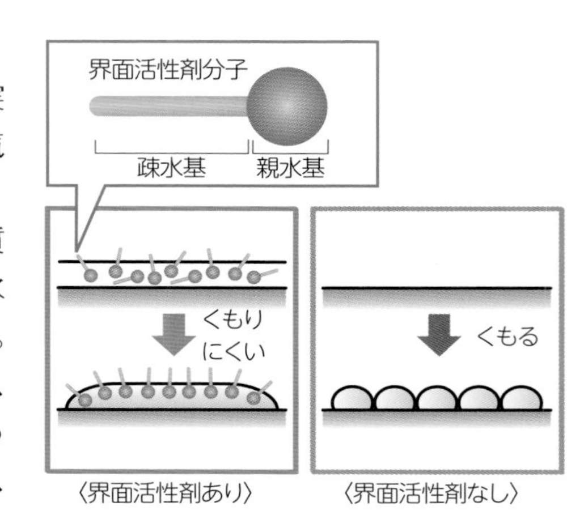

〈界面活性剤あり〉　〈界面活性剤なし〉

洗剤の濃度とくもり止めの効果の関係を調べよう

台所用洗剤や石けんにふくまれている界面活性剤がくもり止めに効果があることがわかりました。濃度によって効果にちがいがあるかを調べてみましょう。

準備 台所用洗剤、鏡、計量カップ、計量スプーン

方法
1) 次の濃度の洗剤液をつくる。
A.原液のまま（界面活性剤33%　※）
B.10倍にうすめる（3.3%）
C.100倍にうすめる（0.33%）
D.1000倍にうすめる（0.033%）
E.10000倍にうすめる（0.0033%）
2) A～Eの洗剤液をそれぞれ鏡にぬり、29ページの実験の手順3と同じように、くもりのようすを比べる（鏡面についた洗剤液は毎回取り除いてから次の洗剤液の実験をすること）。

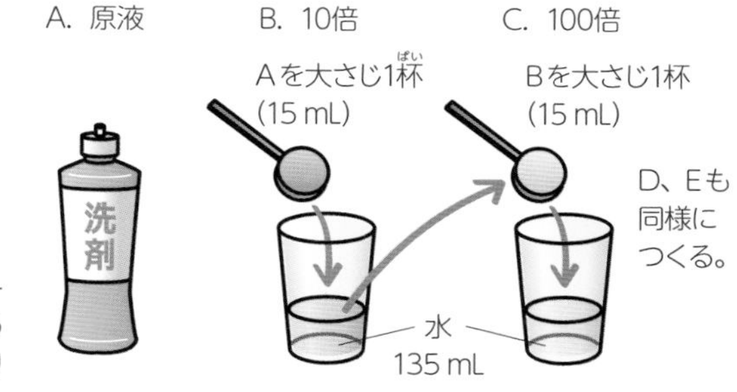

※洗剤の種類によって濃度はちがいます。ラベル記載の成分表示で確認しましょう。

結果

界面活性剤の濃度〔%〕	鏡の表面のようす	くもり止め効果の判定
A.　33	くもらずにぬれた状態	1番効果あり
B.　3.3	くもらずにぬれた状態	かなり効果あり
C.　0.33	ふきむらにそってぬれた状態	あり
D.　0.033	全体的にくもって水滴になった	なし
E.　0.0033	全体的にくもって水滴になった	なし

台所用洗剤にふくまれる界面活性剤（アルキルエーテル硫酸エステルナトリウムなど）の場合、濃度が約0.33%以上でくもり止め効果があることがわかる。

サイエンスセミナー

洗剤に界面活性剤がふくまれているわけ

ほとんどの台所用洗剤や石けん、洗濯用洗剤などには界面活性剤が使われています。これは、界面活性剤の疎水基と油がくっつき、親水基部分を外側にした小さな粒となって水の中に分散することで、油汚れを落とせるからです。

この現象を簡単な実験で確認してみましょう。容器に水を入れ、油を大さじ1杯加えて混ぜます。混ざらないことを確認したら、台所用洗剤を数滴加えて再度混ぜます。すると水と油は混ざり合い、白くにごります。

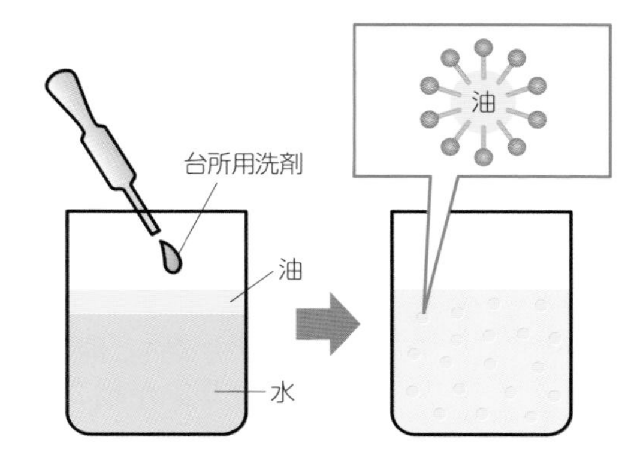

時間 3時間　難易度 ★★☆☆

地震で起こる液状化の不思議

【研究のきっかけになる事象】
地震が発生すると、地盤全体がドロドロの液体のような状態になる「液状化現象」が起こることがある。

【実験のゴール】
液状化現象をコップの中で起こし、そのメカニズムを調べてみよう。

用意するもの
- 透明なプラスチックコップ(5個)
- 砂　▶土　▶小石　▶木片
- 10円玉(40枚)　▶セロハンテープ
- 割りばし
- 計量スプーン(10 mLが量れるもの)　▶水

実験の手順

1 水分をふくんだ砂をゆすって、変化を調べる

ホームセンターなどで売っている「川砂」で実験できるよ。砂場や砂浜の砂を使う場合は、その場所の管理者に確認してから使おう。
砂の種類やふくんでいる水分のちがいによって液状化が起こる水の量が異なるよ。

1. コップに砂を100 mL入れ、水40 mLを注ぎ、割りばしを使ってよく混ぜる。
2. コップを机の面から5 ㎜ほど上げ、リズムよく机の面に衝突させて、液状化現象が起こるまでの衝突回数を記録する。

★砂の表面に水がしみ出し、砂全体が液体のように動いたら、液状化現象が起こったとします。

⚠ コップを強くぶつけたり、握る力が強すぎると割れることがあるので、気をつけましょう。

2 砂のしめり具合と液状化現象の関係を調べる

1. コップ4個に砂を100 mLずつ入れ、それぞれに水10 mL、20 mL、30 mL、50 mLを注ぎ、よく混ぜる。
2. 実験の手順1と同じように衝突させ、液状化現象が起こるまでの衝突回数を記録する。

3 土や小石で液状化現象が起こるか調べる

1 コップ5個に土を100 mLずつ入れ、それぞれに水10 mL、20 mL、30 mL、40 mL、50 mLを注ぎ、よく混ぜる。

2 実験の手順1と同じように机の面に衝突させて、液状化現象が起こるまでの衝突回数を記録する。

3 土を小石にかえて試してみる。
1、2と同じように、水を注いだ後、机の面に衝突させて、液状化現象が起こるまでの衝突回数を記録する。

土は、かたまりがないようにくだき、植物の根は取り除いておこう。

小石は観賞魚の水槽で使うものが適しているよ。

4 液状化現象が起こったときの地表の建物への影響を調べる

木片は木造建築のモデル、10円玉を重ねたものは鉄筋コンクリートなどの重い建物や高層ビルのモデルだよ。液状化現象による影響がどのようにちがうか比べよう。

1 砂100 mLに水40 mLを注ぎ、よく混ぜたコップを3個用意する。

2 砂の上に木片を置き、実験の手順1と同じように机の面に衝突させ、砂のようすや木片の動きを調べる。

木片の大きさは10円玉10枚程度にする。

液状化現象が起きても衝突を続け、木片がどうなるかを観察する。

10円玉の沈み方は、何回の衝突で何枚目まで沈んだかも記録しておこう。

3 10円玉10枚を重ねてセロハンテープでとめて砂の上に置き、2と同じように衝突させて変化を調べる。

4 10円玉30枚をセロハンテープでとめて砂の上に置き、2と同じように衝突させて変化を調べる。

レポートの実例

このレポートはひとつの例です。
実際には、自分で行った実験の結果や考察を書きましょう。

地震で起こる液状化現象の研究　○年○組　○○○○

研究の動機と目的

　地震のあと、海や川の近くや埋め立て地などで家や電柱が傾いたり、マンホールがとび出しているニュースを見た。これは地震によって地盤が強い衝撃を受け、液体状になってしまう液状化現象のためだと聞いた。モデルを使って液状化現象について調べてみることにした。
　また、地盤の種類やふくまれる水の量によるちがい、建物への影響などについても考えてみることにした。

＊透明なプラスチックコップ　＊砂
＊土　＊小石　＊10円玉40枚
＊木片（10円玉10枚と同じくらいの大きさ）　＊セロハンテープ
＊水　＊割りばし　＊計量スプーン

実験1　液状化現象をコップの中で起こし、確認した

＞方法
（1）コップに砂100 mLを入れ、水40 mLを注ぎ、よく混ぜた。
（2）コップを机の面から5 mmほど上げて手を離し、机の面に衝突させた（地震と同じような状況にした）。
（3）衝突を続けると液状化現象が起こることを確認した。
そのときの衝突回数を記録した。

＞結果
15回の衝突で、砂全体が液体のように動いた（液状化現象が起こった）。

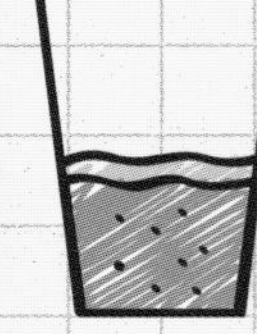

実験2 液状化現象と砂のしめり具合の関係を調べた

＞方法

（1）4個のコップに砂を100 mLずつ入れ、それぞれに水10 mL、20 mL、30 mL、50 mLを計量スプーンで注ぎ、よく混ぜた。

（2）実験1と同じように机の面に衝突させ、それぞれのコップについて、液状化現象が起こるまでの回数を数えた。

＞結果

液状化現象が起こった衝突回数と水の量の関係

水の量	10 mL	20 mL	30 mL	40 mL	50 mL
衝突回数	300回衝突させても液状化はしなかった。	130回	40回	15回	はじめから砂がほぼ水没（すいぼつ）

実験3 土や小石の地盤でも、液状化現象が起こるかを調べた

＞方法

（1）実験1と同じ方法で、砂のかわりに土100 mLを使って、それぞれ10 mL、20 mL、30 mL、40 mL、50 mLの水を加え、液状化現象が起こるまでの衝突回数を調べた。

（2）次に、小石を使い、同じように実験した。

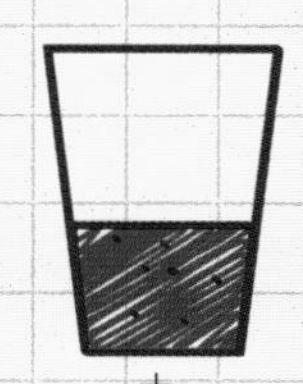
土

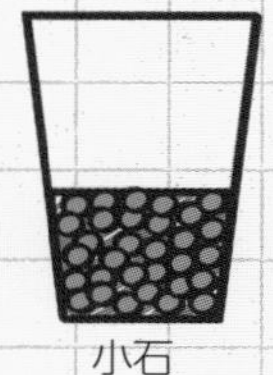
小石

＞結果

土　…水10 mL～30 mLでは300回の衝突でも液状化現象は起こらなかったが、40 mLでは衝突13回で液状化現象が起こり、泥状（どろじょう）になった。50 mLでは、はじめから土全体が水びたしの泥状になった。

小石…石と石の間を水が自由に動き、水の量に関わらず、300回の衝突でも、液状化現象は起こらなかった。

実験4 液状化現象と建物の関係を調べた

＞方法　(1) 3個のコップに砂を100 mLずつ入れ、それぞれに水40 mLを注ぎ、よく混ぜた。

(2) 砂の上に木片、10円玉10枚を重ねたもの、10円玉30枚を重ねたものをそれぞれ置き、実験1と同じ方法で液状化現象を起こし、木片や10円玉の動きを調べた（木片は10円玉10枚と同じくらいの大きさにした）。

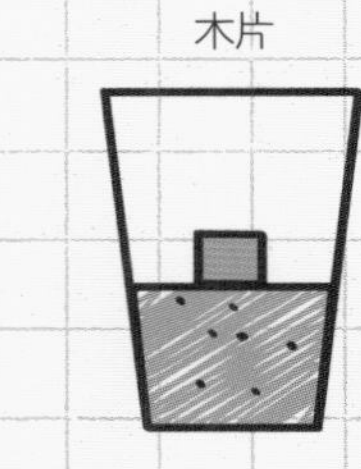

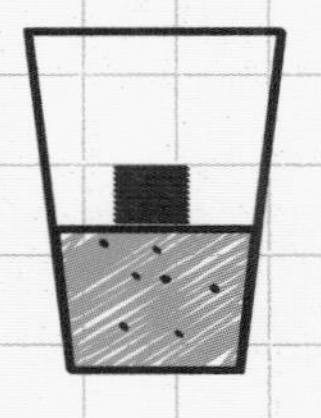

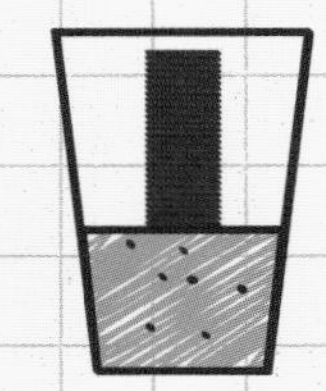

＞結果　木　片…衝突回数が増すと木片が傾いたが、300回の衝突でもほとんど沈み込むことはなかった。

10円玉10枚…衝突10回で傾きながら半分沈んだ。60回でほぼ完全に沈んだ。

10円玉30枚…傾きながら10枚より早く沈み込み、衝突50回で10枚目まで沈んだ。その後も少し沈み、衝突300回では12枚目まで沈んだ。

まとめ

- 砂に水をふくませて衝撃を与えると、砂の表面に水が上がってきて砂全体が液体のようになる液状化現象が起こることがわかった。しかし、砂に含まれる水の量が少ないときは、液状化現象は起こらないこともわかった。
- 小石では液状化現象は起こらないが、土では水の量が多いと泥状になり液状化現象が起こることがわかった。
- 液状化現象が起こると、木のように軽い物は傾き、金属などの重い物は液状化した砂地に沈み込みやすいことがわかった。

考察

- 液状化現象が起こったのは、与えられた衝撃によって砂の粒の結びつきがくずれ、砂の粒の間を満たしていた水が追い出されたからだと考えられる。

発展研究

液状化現象による地中の水道管への影響を調べよう

地中に埋められた構造物が液状化現象によってどうなるか、水道管のモデルで確かめましょう。

準備 透明なプラスチックコップ、砂、水、計量スプーン、セロハンテープ、ポリ塩化ビニルの管（水道管のモデル）、割りばし

方法
1) ポリ塩化ビニルの管（直径15～20 mm、長さ3 cm程度）の両端をセロハンテープでふさぎ、水や砂が入らないようにする。
2) 砂100 mLを入れたコップに、水40 mLを注ぎ、割りばしでよく混ぜる。
3) 1）の管を、表面がぎりぎりかくれる深さに埋める。
4) 34ページの実験の手順1と同じように、机の面に衝突させ、水のしみ出し方、表面や管のようすを記録する。

衝突前　→　60回衝突後

結果
・衝突5回で砂の表面が盛り上がった。
・30回で管がはっきり見えはじめた。
・50回で約$\frac{1}{3}$が浮き上がってきた。
・60回で約半分が浮き上がってきた。
・70回では管の$\frac{3}{5}$程度が浮き上がってきた。
その後300回衝突させたが、管はそれ以上上がってこなかった。

ポリ塩化ビニル自体は水に沈む材質だが、液状化現象が起き、管の中の空洞（空気）が砂と水の中で浮力を受けて上昇した。

サイエンスセミナー

液状化現象とは?

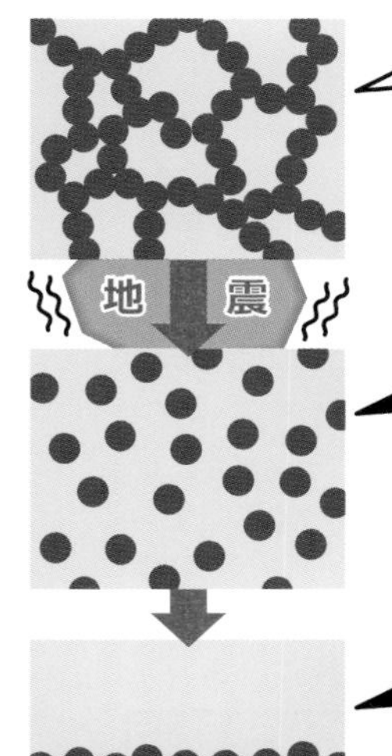

液状化が起こる前
砂の粒どうしがひっかかっている。

液状化が起こる
砂の粒がばらばらになる。

水が地表にふき出す
すき間にあった水が追い出される。

ふつう、地盤は土砂などで構成され、砂の粒どうしがひっかかり、そのすき間に空気や水がふくまれた状態になっています。地震などで地盤がゆすられると、砂の粒がばらばらになって、すき間がつまり、間にあった空気や水が追い出され、地表に水がふき出したり、地面全体が液体のように動いたりする液状化現象が起こります。実験で、濁り水と一緒に気泡が浮き上がるのを確かめられたでしょうか？　特に砂の地盤では、液状化現象が起きやすく、大きな被害となることがあります。

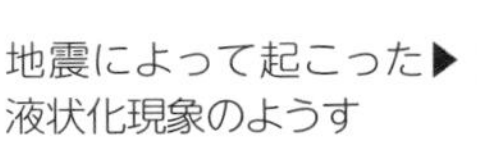
地震によって起こった▶
液状化現象のようす

©コーベット

時間 3時間　難易度 ★★☆☆

大シャボン玉づくりの実験

【研究のきっかけになる事象】
シャボン液を工夫すると、大きなシャボン玉をつくることができる。

【実験のゴール】
大きなシャボン玉をつくるにはどうしたらいいか、シャボン液の濃度や加えるものをいろいろ変えて、調べてみよう。

用意するもの
- ▶液体洗剤(台所用)　▶ストロー
- ▶下じき(色つきのもの)　▶定規
- ▶容器(コップ)5個　▶小さじ
- ▶文具用のり　▶上白糖(砂糖)
- ▶食塩　▶みりん　▶ベーキングパウダー
- ▶割りばし　▶計量カップ　▶ぞうきん

実験の手順 1　洗剤の濃度によってシャボン玉の大きさがどう変わるかを調べる

息の出し方によって、シャボン玉のでき方はかなり変わるよ。

1　液体洗剤に水を混ぜて、20%、40%、60%、80%、100%(原液のまま)のシャボン液をつくる。

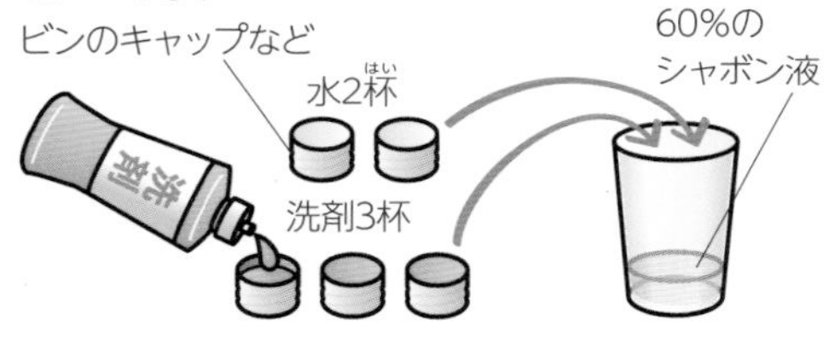

●濃度と混ぜ方

液の濃度〔%〕	20	40	60	80
洗剤と水の割合(洗剤：水)	1：4	2：3	3：2	4：1

それぞれの濃さのシャボン液をストローにつけて、水でぬらした下じきの上でふくらませ、シャボン玉が割れて残った「あと」の直径をはかる。5回ずつ測定し、最大の数値を記録する。

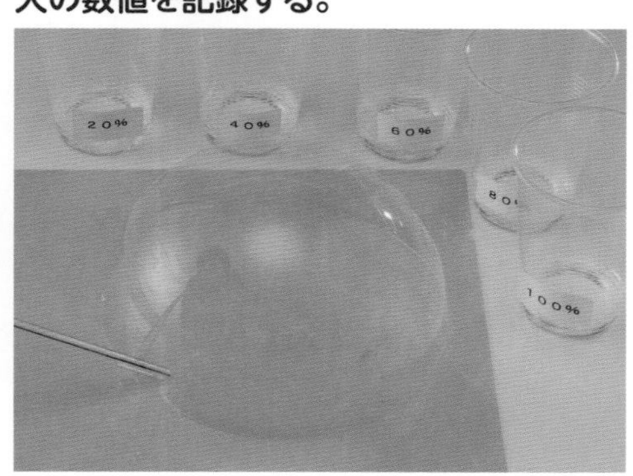

ふくらみにくいときは、できるだけゆっくり息をふき込んでみよう。また、途中で割れた場合は、数に入れずにやり直そう。

下じきはこまめにぬれたぞうきんでふくこと。割れたあとが残っていると、そこでまた割れてしまうよ。

下じきの上に半球状のシャボン玉をつくる。

下じきは必ず水でぬらしておく(乾いているとシャボン玉ができない)。

直径

シャボン玉が割れて残った「あと」の直径を測定。

液をかえるごとにストローをよく洗おう。

メーカーや洗剤の成分によって、結果がちがう場合があるよ。自分の測定結果を記録しよう。

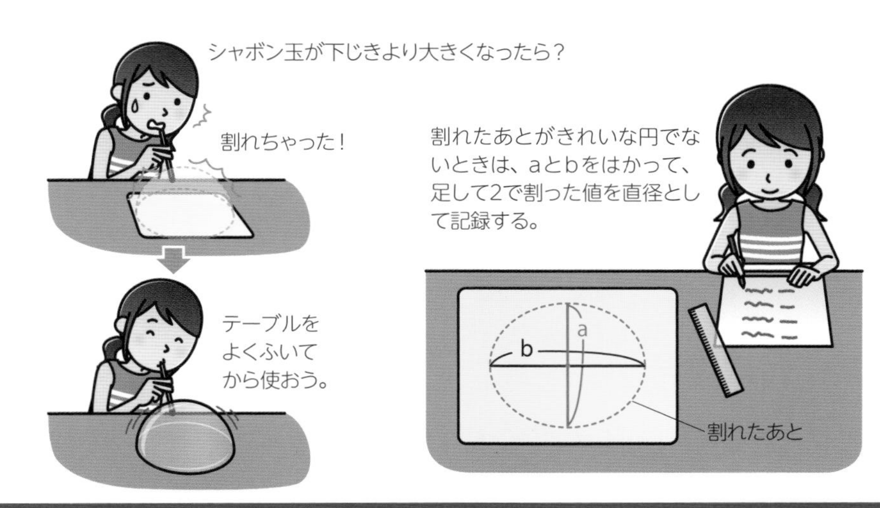

2 シャボン液にいろいろなものを加えて、シャボン玉の大きさがどう変わるかを調べる

1 mL＝1 cc

文具用のりがとけにくいときは、シャボン液をなべに入れ、弱火であたためながらとかそう。

食塩はとけにくいので、食塩水に洗剤を混ぜてもいいよ。

1 実験の手順1で最大のシャボン玉ができた濃度のシャボン液を、計量カップで20 mLずつはかり、5個のコップに入れる。各液に小さじで上白糖、食塩、みりん、ベーキングパウダー、文具用のりを加える。割りばしで混ぜたあと、実験の手順1と同じ方法で、各液でできるシャボン玉の直径をはかる。

3 加えるものの分量によってできるシャボン玉の大きさがどう変わるかを調べる

加える分量（濃さ）によってはシャボン玉がふくらみにくい場合もある。どの分量のときにふくらみにくかったかも記録しておこう。

1 実験の手順2で試した上白糖について、シャボン液に加える分量を小さじ1杯、2杯、3杯、4杯、5杯と変えた液をつくる。それぞれについて、割りばしで混ぜたあと、実験の手順1と同じようにシャボン玉の直径をはかる。

実験の注意とポイント

●シャボン玉が割れたとき、目に入ることがあるので注意しよう。目に入ったときは流水でよく洗い流そう。シャボン玉をふくらませるとき、シャボン液を飲みこんだりしないように注意しよう。また、使用したシャボン液は放置せず、必ず流しに捨てるようにしよう。

レポートの実例

このレポートはひとつの例です。
実際には、自分で行った実験の結果や考察を書きましょう。

大シャボン玉づくりの実験

○年○組　○○○○

研究の動機と目的

シャボン玉遊びをしていた弟から「大きなシャボン玉をつくるにはどうしたらよいか」と聞かれた。そこで、どのくらいの濃さのシャボン液がよいか、何を加えたらよいかを調べてみることにした。

＊液体洗剤（台所用）　＊ストロー　＊下じき（色つきのもの）　＊定規
＊コップ5個　＊小さじ　＊文具用のり　＊上白糖（砂糖）　＊食塩
＊みりん　＊ベーキングパウダー　＊割りばし　＊計量カップ

実験1　シャボン液の濃さ（濃度）とシャボン玉の直径の関係を調べた

＞方法

（1）洗剤を水でうすめ、20％、40％、60％、80％のシャボン液をつくった。洗剤の原液を100％とした。

（2）それぞれの液で、右の図のように水でぬらした下じきの上に半球状のシャボン玉をつくり、割れた瞬間の直径を定規ではかった。測定は5回行い、最大値を記録した。

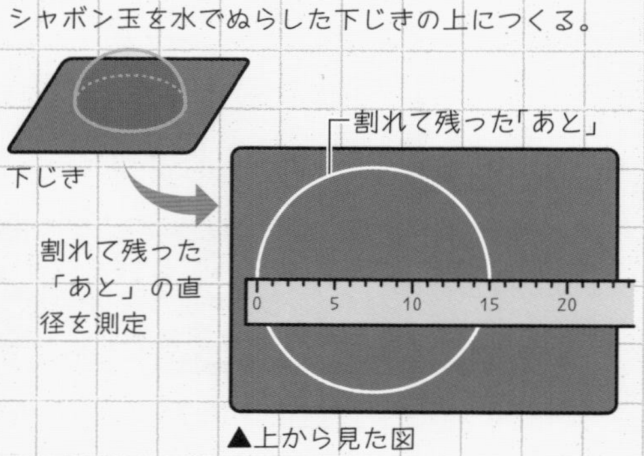

シャボン玉を水でぬらした下じきの上につくる。

下じき

割れて残った「あと」

割れて残った「あと」の直径を測定

0　5　10　15　20

▲上から見た図

＞結果

シャボン液の濃さとシャボン玉の直径の関係

濃さ〔%〕	20	40	60	80	100
直径〔cm〕	10.5	13.0	13.5	11.8	7.8

40，60％のシャボン液で大きなシャボン玉ができた。

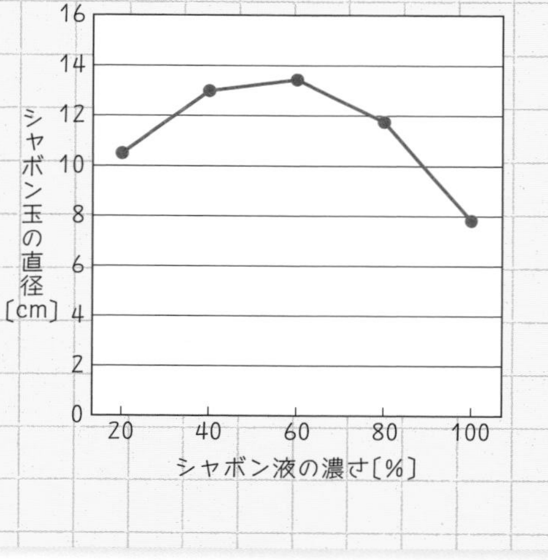

実験2

添加物(てんかぶつ)(加えた物)とシャボン玉の直径の関係を調べた

＞方法　(1) 実験1で最も大きなシャボン玉ができた濃さ（濃度）60％のシャボン液を、5つのコップに計量カップで20 mLずつ入れた。

(2) 上白糖、食塩、みりん、ベーキングパウダーを各小さじ$\frac{1}{3}$杯(ばい)ずつ、液体の文具用のりは小さじ1杯を混ぜた。

(3) 実験1と同じようにシャボン玉の直径をはかった。

＞結果　添加物とシャボン玉の直径の関係

添加物	上白糖	食塩	みりん
直径〔cm〕	15.0	12.5	14.5

添加物	ベーキングパウダー	文具用のり
直径〔cm〕	13.5	11.0

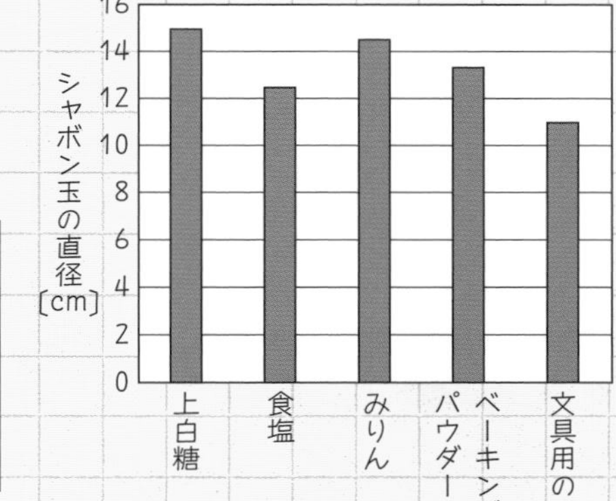

実験3

添加物の分量とシャボン玉の直径の関係を調べた

＞方法　(1) 濃度60％のシャボン液を、3つのコップに計量カップで20 mLずつ入れた。

(2) 実験2で最も大きなシャボン玉ができた上白糖を、それぞれ小さじ1杯、2杯、3杯、4杯、5杯混ぜた。

(3) 実験1と同じようにシャボン玉の直径をはかった。

＞結果　上白糖の分量とシャボン玉の直径の関係

分量〔杯〕	1	2	3	4	5
直径〔cm〕	17.5	20.0	22.5	22.0	16.5

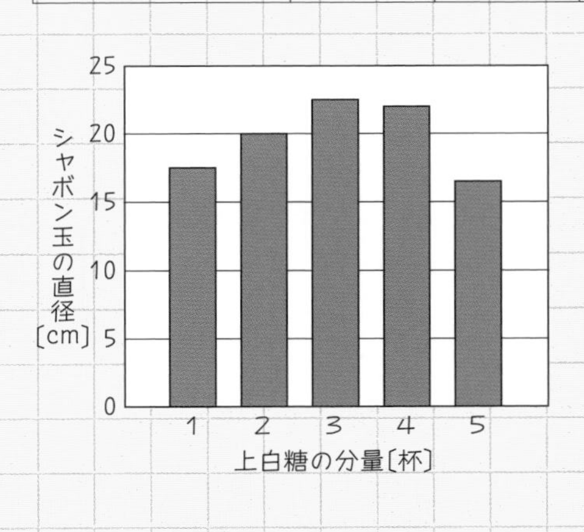

まとめと考察

- 洗剤の濃度が40〜60％くらいのときに大きなシャボン玉ができると考えられる。
- 添加物としては、上白糖やみりんが効果的だった。文具用のりは効果があると予想していたが、逆に、シャボン液だけのときよりも大きくならなかった。
- 上白糖を加えるとシャボン玉が大きくなったが、分量が多すぎると逆に小さくなってしまうので、濃度60％のシャボン液20 mLに対して、小さじ3〜4杯くらいがちょうどいいと考えられる。

サイエンスセミナー

シャボン玉はなぜ丸くふくらむ?

　水をあわだてても、あわはすぐに消えてしまいますね。これは水には小さくなってひとつにまとまろうとする力がはたらくためです。この力を表面張力といいます。では、シャボン液だとなぜあわが消えないのでしょうか？

　台所用洗剤の成分を見ると、界面活性剤が入っています。界面活性剤は水の表面張力を弱めて、広がりやすくします。水のまくの表面に界面活性剤の分子が並んで、ゴムのようなはたらきをするので、空気をふき込むとシャボン玉ができるのです。

　また、シャボン玉の中の空気は広がろうとし、シャボン液は縮もうとします。そのため、シャボン玉は丸くふくらみます。

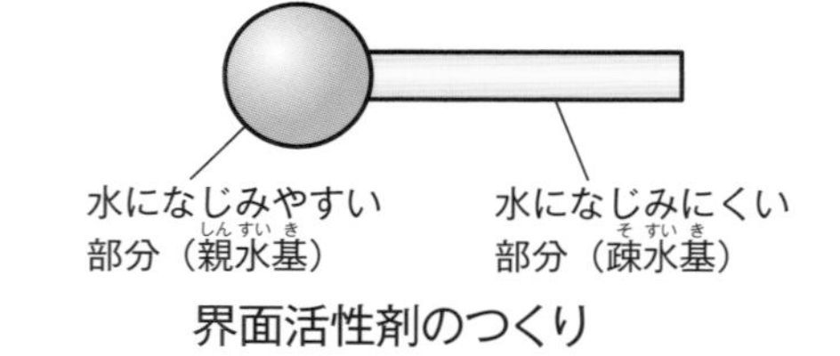

界面活性剤のつくり

水

界面活性剤

界面活性剤がまくになって水をおおうので，中の水が広がりやすくなる。

シャボン玉のまくの模式図（断面）

シャボン玉が割れるのはなぜ?

　シャボン玉は時間とともに上部のまくをつくっている液体が重力によって下のほうに流れ落ちていくためにうすくなっていき、穴があいて割れます。また、空気中のちりなどがシャボン玉のまくにふれたり、水分が蒸発したりしても、シャボン玉のまくに穴があきます。まくに穴があくと、シャボン玉は割れて元のシャボン液になってしまうのです。

ふき口とシャボン玉の大きさの関係を調べる実験

ふき口の大きさによって、シャボン玉の大きさがどう変わるか、調べます。

準備　濃度60%のシャボン液、ストロー3本、紙コップ、ハガキ、接着剤、はさみ、セロハンテープ

方法　1) 下のように、2本のストローの先を切って開く。1本はそのまま、1本は穴をあけた紙コップにとりつける。また、ハガキを丸めて別のストローをさし込む。

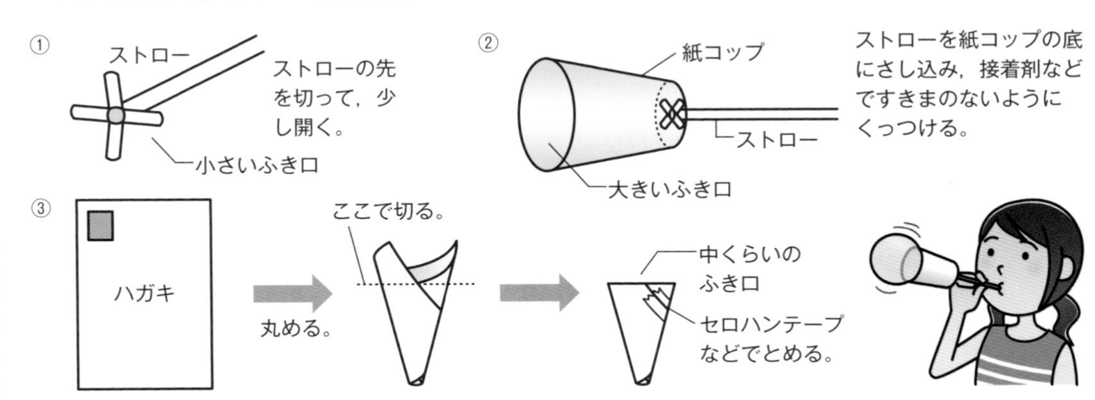

2) 上の①～③の3種類のふき口を使って、どれが最も大きなシャボン玉ができるかを調べる。

結果　①と③はきれいな形のシャボン玉ができた。①よりも③のほうが大きなシャボン玉ができた。②は空気をふき込む途中でシャボン玉が割れてしまった。

ワンポイント！　●ふき口に洗剤のまくができ、それに空気をふきこんでいくとシャボン玉ができる。ふき口が大きすぎると、シャボン玉の形がいびつになり、大きくなる前に割れてしまう。

シャボン玉のまくの厚さを計算しよう

シャボン玉のまくの厚さを計算しよう

準備　濃度60%のシャボン液、ストロー

方法　1)　濃度60%のシャボン液2.5 ㎤を用意し、40ページの実験の手順1と同様にシャボン玉の直径をはかる。

2)　シャボン液がなくなるまでシャボン玉をつくり、回数を調べる。

〔測定例〕最大の直径13.5 ㎝、120回でほぼなくなった。

★シャボン玉1個の表面積

球の表面積は$4\pi r^2$なので、半球だと$2\pi r^2$（πは3.14、rは半径）。直径13.5 ㎝の半球の表面積は$2\times3.14\times(13.5\div2)^2=286.13\cdots$〔㎤〕と計算できる。

★シャボン玉1個のまくの体積　$2.5\div120\fallingdotseq0.02$〔㎤〕

★まくの厚さ

シャボン玉1個の液の体積と表面積から、

$0.02\div286.13=0.000069898\cdots$〔㎝〕

シャボン玉のまくの厚さは0.0000699 ㎝と計算できた。

★考察　本で調べたらシャボン玉のまくの厚さは、100万分の1（0.000001）㎝と書いてあった。今回の実験では、シャボン液の量の測定方法、シャボン玉の表面積を半球として計算したこと、うまくふくらまなかったことなどからちがいが出たようだ。

ワンポイント！　●球の表面積は、4×半径×半径×円周率（π）で求められる。

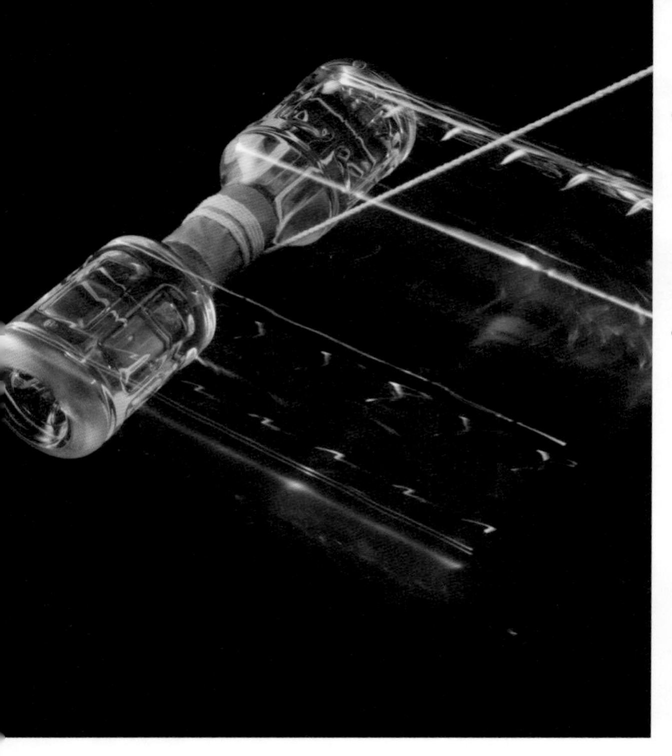

時間 3時間　難易度 ★★☆☆

ヨーヨーの動きのひみつ

【研究のきっかけになる事象】
ヨーヨーを床に転がすと、ひもの引き方によって近づいたり遠ざかったりする。

【実験のゴール】
ヨーヨーをどのように引くとどちらに転がるのか、回転方向が変わる理由を調べてみよう。

用意するもの
- ▶350 mLペットボトル2本（またはウォーターダンベル）
- ▶たこ糸　▶布ガムテープ　▶定規
- ▶三角定規2枚　▶分度器　▶はさみ
- ▶50円玉や5円玉（おもりになるもの）
- ▶下じき（または厚紙）　▶セロハンテープ　▶新聞紙

実験の手順

準備　実験器具をつくる

水を入れるのは、ダンベルを重くして回転を安定させるためだよ。

たこ糸を巻く位置は、ダンベルヨーヨーの回転軸の中心にしよう。

1 ヨーヨーをつくる。ウォーターダンベル(地面の上を転がるもの)を使ってもよい。

①水をいっぱいに入れたペットボトルを2本用意し、ガムテープで巻いてつなげて、ダンベルのような形をつくる。

②巻いたガムテープのはしを10 ㎝ほどはがし、中心に1.5 mのたこ糸のはしを巻き込んでガムテープを巻く。

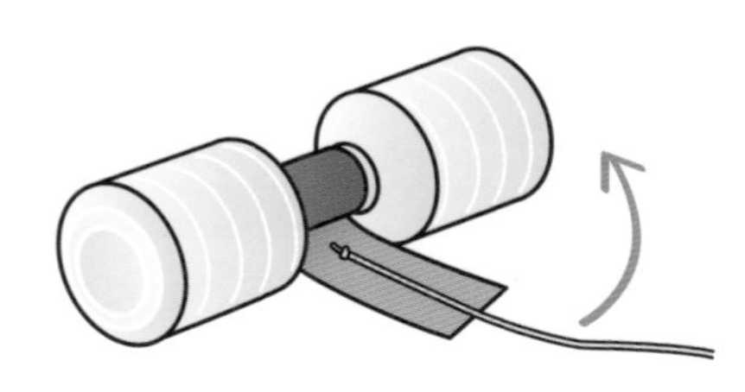

2 分度器プレート(ひもを引く角度をはかるための板)をつくる。

①紙に垂直に交わる十字を書き、下じきなどに貼り、15 ㎝のたこ糸に5円玉をつり下げて、縦の線に合わせてとめる。

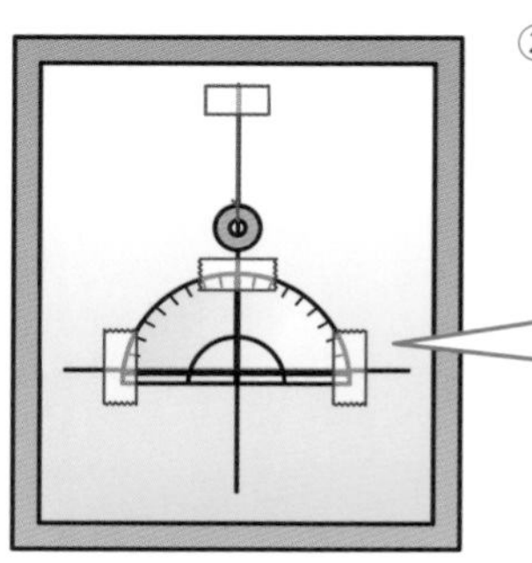

②十字の線と0°、90°がぴったり重なるように分度器をセロハンテープでとめる。

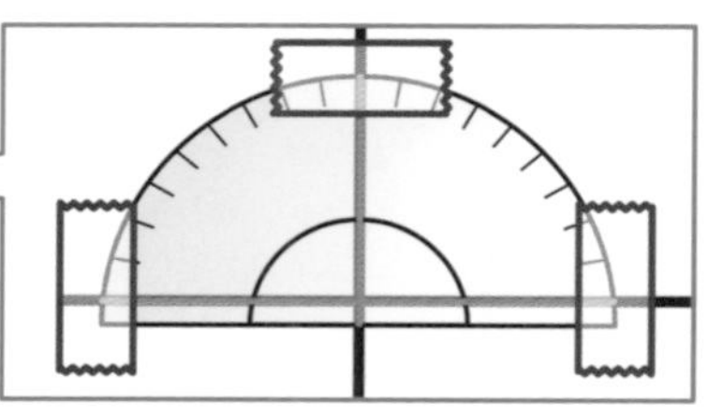

1 どのように引くと回転方向が変わるかを調べる

摩擦(まさつ)を3通りに変えて比べるよ。必ず水平な場所ではかるようにしよう。

1 ヨーヨーを水平な床(ゆか)に置き、床の状態や糸を引く強さ、引く角度を変えると、ヨーヨーの転がり方がどう変わるかを調べる。

①転がす床の状態を変える。
ⓐつるつるした床(フローリングなど)
ⓑ少しざらざらした床(畳(たたみ)など)
ⓒざらざらした床(カーペットなど)

②糸を引く強さを変える。
①のⓐ、ⓑ、ⓒの床の上で、糸を弱く引いたり強く引いたりして、回転方向が変わるかどうかを調べる。

③糸を引く角度を変える。
①のⓐ、ⓑ、ⓒの床の上で、糸を引く角度を、水平から垂直まで少しずつ変えて、回転方向が変わるかどうか調べる。

2 軸の太さと糸を引く角度の関係を調べる

実験の手順1で、糸を床面に対して垂直に引くと前方に転がり、水平に引くと手前に転がることがわかる。ヨーヨーの回転方向には、糸を引く角度が関係しているようだ。今度は、軸の太さを変えて、転がる方向と角度の関係がどう変わるかを調べてみよう。

ノギスを使うと便利だよ。

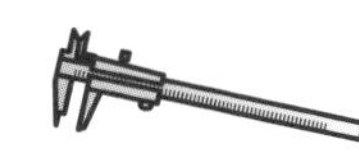

1 軸の直径をはかる。
三角定規で軸をはさんで直径をはかる。

2 分度器プレートを使って、前方に転がる角度、手前に転がる角度を調べる。

分度器プレートの垂線が5円玉をつるした糸と重なるようにプレートを持ち、引っぱっているたこ糸の線を、分度器の中心を通る位置に合わせて真横から角度を読む。

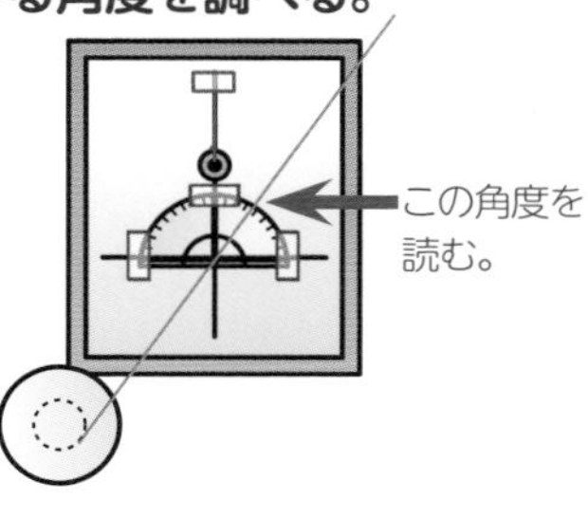

新聞紙を巻きつけるときは、新聞紙を少し引っぱりながらきつめに巻く。太さがかたよらないように、均一(きんいつ)に巻こう。

3 軸の太さを5 ㎜くらいずつ変えて、回転の変わる角度を調べる。

軸の太さの変え方
①新聞紙を軸の幅(はば)に切ったものを、軸にそれぞれが空回りしないように貼りつけながら巻きつける。

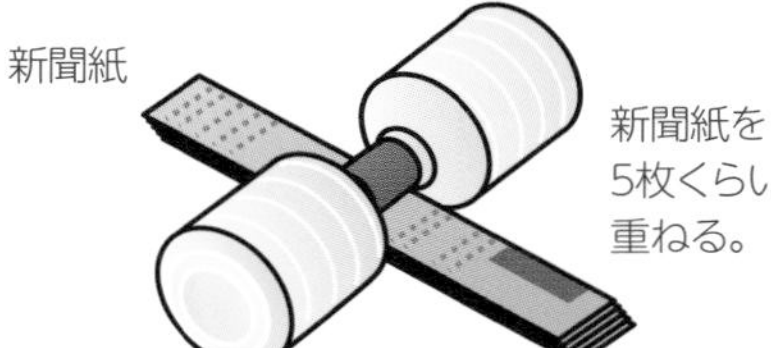

②その上からガムテープを1周巻き、たこ糸のはしを巻きこんでとめる。

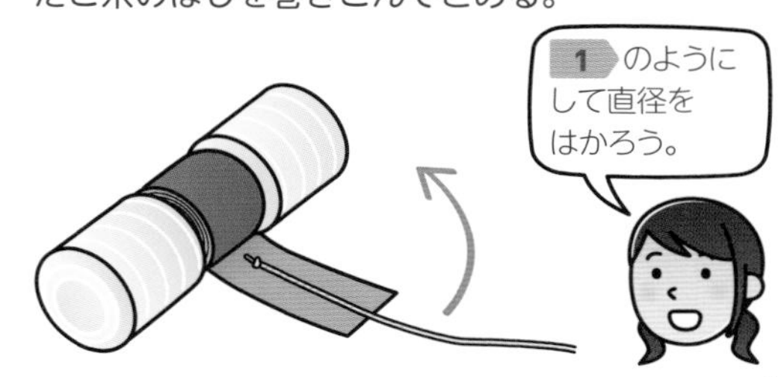

レポートの実例

このレポートはひとつの例です。
実際には、自分で行った実験の結果や考察を書きましょう。

ヨーヨーの転がり方の研究

〇年〇組　〇〇〇〇

研究の動機と目的

ヨーヨーを床(ゆか)に転がすと、ひもの引きぐあいで遠くに転がっていったり、うまく手元に引き寄(よ)せられたりすることがある。その不思議な動きには何が作用しているのか、調べてみたいと思った。

準備したもの

＊350 mLペットボトル2本　＊たこ糸
＊布ガムテープ　＊定規　＊三角定規2枚
＊分度器　＊5円玉（おもり）　＊はさみ
＊下じき　＊セロハンテープ　＊新聞紙

実験の方法　350 mLペットボトルでダンベルのような形のヨーヨーをつくり、水平な床で、糸の引き方や軸(じく)の太さを変えて実験をした。

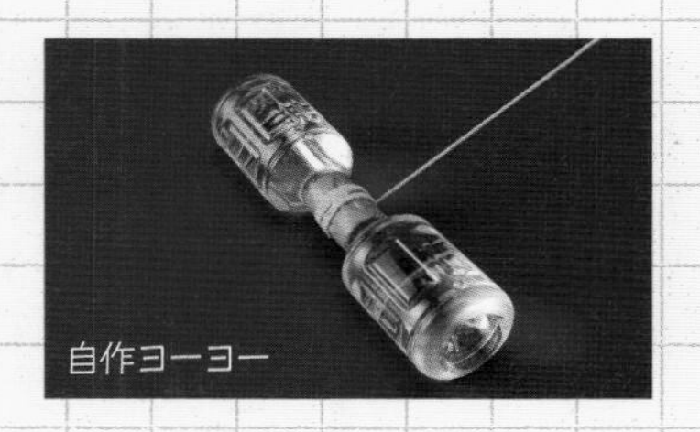
自作ヨーヨー

実験 1　回転方向は何によって変わるのかを調べた

＞方法　自作ヨーヨーを、次のように条件を変えて転がした。

(1) つるつるした床、畳(たたみ)、カーペットの上で転がした。

(2) (1) のそれぞれの床で、糸を引く強さを変えて、転がした。

(3) (1) のそれぞれの床で、糸を引く角度を変えて、転がした。

床の状態のちがい　引く強さのちがい　引く角度のちがい

＞結果　畳やカーペットでゆっくり糸を引くと、なめらかに回転させることができた。このとき糸を引く角度によって転がる方向が前後に変化した。つるつるした床や糸を強く引いた場合は、空回りをして転がらなかった。

実験2 カーペットの床で軸の太さを変え、回転方向が変わる糸の角度を調べた

>方法　(1) 引く糸の角度がわかるように、図のような分度器プレートをつくった。

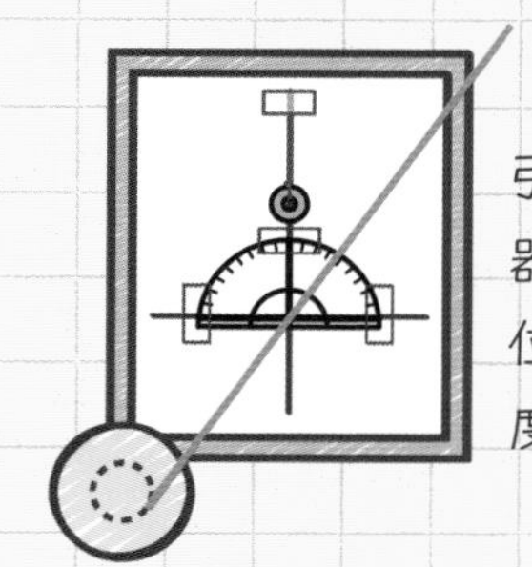

引いた糸が分度器の中心を通る位置に当てて角度を読んだ。

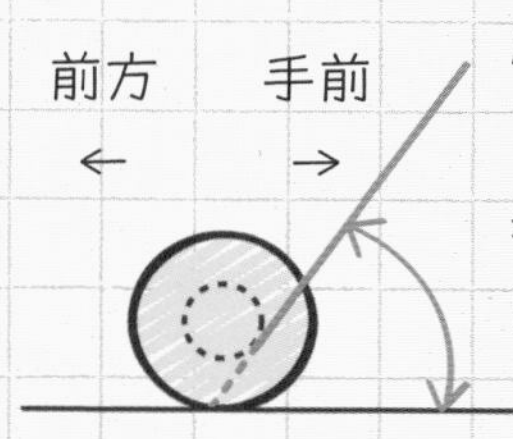

床面を0°として、引いた糸の角度をはかった。

(2) ヨーヨーに新聞紙を巻(ま)きつけて軸の直径を太くし、約5 mmごとに、前方に転がったときの床面からの角度、手前に転がったときの角度を調べた。

>結果　次の表のようになった。

車輪（ペットボトル）の直径は64 mm

軸の直径〔mm〕	31	34	41	46	51	54	60	64
前方に転がった角度	63°	61°	54°	49°	43°	36°	23°	10°
手前に転がった角度	58°	55°	45°	38°	31°	25°	10°	動かない

・軸が太くなるほど、前方に転がる糸の角度も手前に転がる糸の角度も小さくなった。
・軸が太いほど、どちらにも回転しないときの糸の角度の範囲(はんい)が大きくなる傾向(けいこう)があった。

まとめと考察

ヨーヨーは、床面に対して垂直に近い方向に糸を引くと前方に転がる傾向があり、糸を水平方向に引くと手前に転がる傾向があった。そして転がる方向が変わる角度は、軸が太くなるほど小さくなることがわかった。

回転する方向は、軸の太さではなく、車輪と軸の直径の差に関係するのかもしれない。これを調べるには、車輪の大きさを変えた実験を行う必要がある。また、軸を太くしたときは、ヨーヨー全体の重さが増(ま)したことの影響(えいきょう)も考える必要がありそうだ。

サイエンスセミナー

ヨーヨーの動きのひみつ

ヨーヨーは、なぜ糸を引く角度によって回転する方向が変わるのでしょうか。ヨーヨーにはたらいている力を考えてみましょう*。

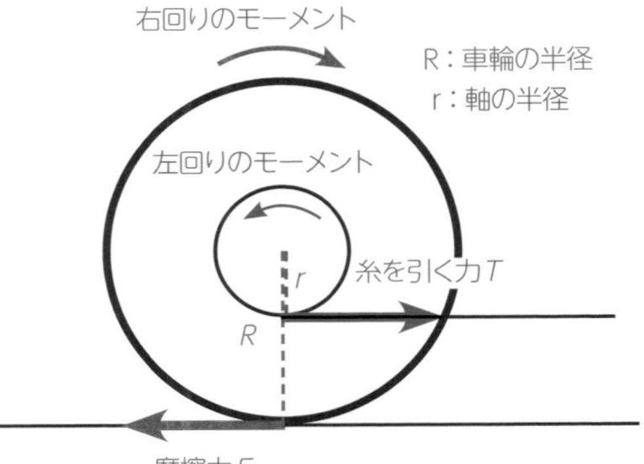

図のように、ヨーヨーの糸を右の方向に一定の大きさの力で引くことを考えます。ヨーヨーの糸を引くと、この力によってヨーヨーは左回転しようとしますが、同時に床(ゆか)から「摩擦力(まさつりょく)」という、物の動きをさまたげる力がはたらきます。この摩擦力が、ヨーヨーを右回転させせようとするのです。この「回転させるはたらき」のことを「力のモーメント」といいます。

「力のモーメント」は、「中心からの距離(きょり)×力」で求められます。

右回りのモーメントは、車輪の半径R× 摩擦力F

左回りのモーメントは、 軸(じく)の半径r × 糸を引く力T

となります。

このモーメントが左右で同じとき、ヨーヨーは回転しません。左回りのモーメントより、摩擦力による右回りのモーメントのほうが大きいと、ヨーヨーは右回転して、右（糸側）の方向に転がります。真横（右向き）に糸を引くときは、必ず右回りのモーメントのほうが大きくなるため、右へ転がります。

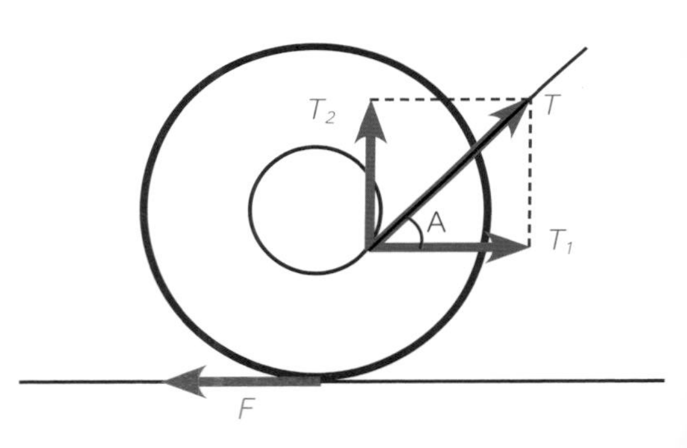

では次に、ななめに糸を引いたとき、どうなるかを考えてみます。

糸を引く力Tは、右の図のように右方向の力T_1と上方向の力T_2に分けて考えることができます。ヨーヨーが静止しているときは、摩擦力Fの大きさは、右方向の力T_1と同じ大きさになります。

つまり、モーメントは次（下の図）のようにつり合っています。

右回りのモーメントは、$R \times F = R \times T_1$

左回りのモーメントは、$r \times T$

このつり合いがこわれるとヨーヨーは動きます。例えば、糸を引く角度Aを小さくする（水平に近い）とT_1は大きくなり、右回りのモーメントが大きくなるため、右へ転がります。

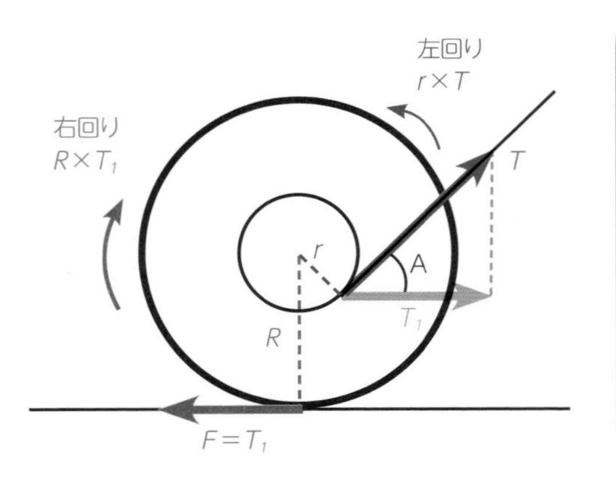

発展

回転方向が変わる境界(きょうかい)の角度は、

$R \times T_1 = r \times T$　つまり$\frac{r}{R} = \frac{T_1}{T}$

となるときの角度です。

このときの糸を引く角度Aは、Rとrを辺とする直角三角形がつくる図の角度Aと同じです。この角度Aを境(さかい)にして、糸を引く角度がAより小さいときは右回転、大きいときは左回転します。

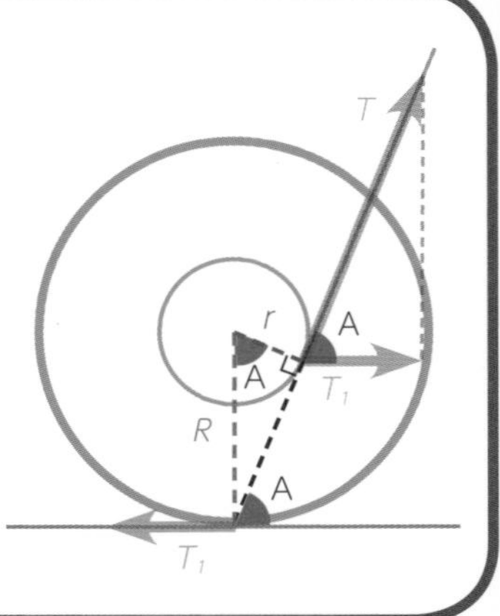

*かんたんにするため、ヨーヨーが重く、摩擦が十分にはたらくすべらない床である場合を考えます。

車輪の大きさと、回転する角度の関係を調べる実験

ヨーヨーの車輪の大きさを変えたときの、回り方と糸を引く角度の関係を比べてみよう。

準備 46ページの準備のペットボトルヨーヨーと分度器プレート、CD2枚、段ボール（30 cm×30 cm2枚、20 cm×20 cm 2枚）、ガムテープ、コンパス、はさみ（カッターナイフとカッターマット）

方法 1）車輪の直径のちがうヨーヨーをつくる。
①ペットボトルの車輪…直径6.4 cm
②CDの車輪…直径12 cm
③段ボール円板の車輪…直径20 cm
④段ボール円板の車輪…直径30 cm

〈つくり方〉
②：CDをペットボトルの底に貼りつける。
③と④：直 径20 cm、30 cmに切りとった段ボール円板を、CDにはりつけて車輪とする。
（半径6.5 mmの円を車輪の中心にかき、CDの中心の穴と合わせると中心を合わせやすい）。

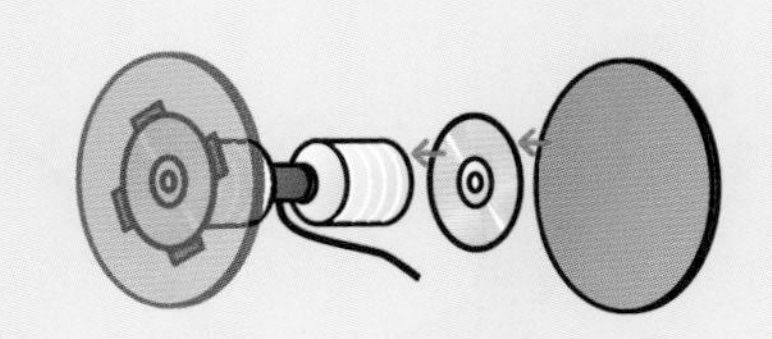

⚠注意　はさみのかわりにカッターナイフを使うときは、下にカッターマットを敷いて、けがのないように十分注意すること。

2）47ページの実験の手順2と同じ方法で、回転する方向や糸を引く角度を、分度器プレートを使って調べる。

車輪の大きさを変えて、
転がる方向が変わる角度を調べる。

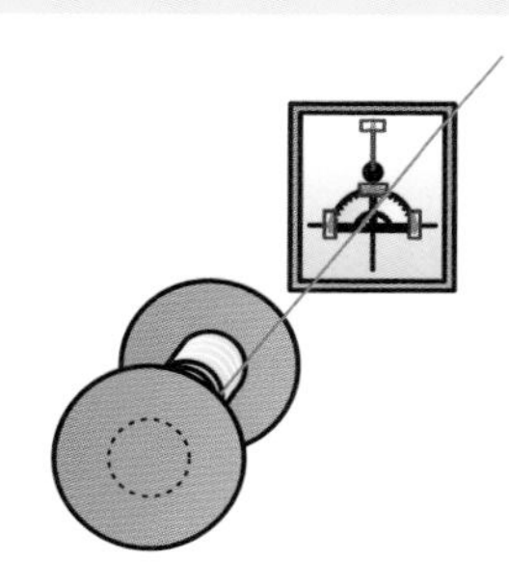

結果

車輪の種類	車輪の直径R〔cm〕	前方に回転する糸の角度	手前に回転する糸の角度	$\frac{r}{R}$
①	6.4	63°	58°	0.48
②	12	76°	71°	0.26
③	20	80°	76°	0.16
④	30	86°	84°	0.10

回転軸（ペットボトルのふた）の直径r=3.1 cm

車輪の直径が大きくなるほど、転がる方向が変わる角度の境目が垂直に近づくことがわかる。また、47ページの実験の手順2で、車輪の大きさを一定にし、軸の太さを変えた場合には、軸が細いほど回転方向が変わる糸の角度が垂直に近いことがわかる。このことから、軸と車輪の直径の差が大きいほど、つまり$\frac{r}{R}$の値が小さいほど、回転方向が変わる糸の角度が垂直に近くなることがわかる。

ワンポイント！
●ペットボトルの底にCDや段ボール円板を貼りつけるとき、お互いの中心をしっかり合わせよう。
●両輪にする2枚のCDや段ボールの円板を、できるだけ平行にしよう。

時間 1時間　難易度 ★★☆☆

家庭内の消費電力調べ

【研究のきっかけになる事象】
夏になると、クーラーを多く使用するため節電が話題になる。

【実験のゴール】
家庭の電気製品のむだ遣いをおさえるとどれくらいの節電ができるのか、それは環境にどのような影響を与えているかを調べよう。

用意するもの
▶記録用紙　▶各家庭にある電気製品

実験の手順

1 消費電力量を調べる

消費電力の単位はW(ワット)、使用時間はh(時間)、消費電力量はそれらをかけたWh(ワット時・ワットアワー)を使うよ。

パソコンの表計算ソフトが使えるならその方が計算するとき簡単だよ。

1 記録用紙をつくる。

	電気製品	消費電力〔W〕	使用時間〔h〕	消費電力量〔Wh〕
自室	照明			
	スタンド			
	エアコン			
	テレビ			
	ノートパソコン			
居間	照明			
	そうじ機			
	エアコン			
	テレビ			
その他の空間	せんたく機			
	げんかん照明			
	ろうか照明			
	トイレ照明			
	ふろ照明			
	ふろかんきせん			
			合計	

左の表のように、縦に家の部屋や空間の名前と、そこにある電気製品を書く。そして横には消費電力、使用時間(充電式の場合は、充電時間)、消費電力量を入れた表をつくる。この記録用紙を何枚か用意する。コピーするとよい。一般に、家庭のコンセントを利用する電気製品には、100 Vの電圧が加わる。エアコンやIHヒーターなどは200 Vのものもある。

⚠注意　消費電力の表示を見るために、テレビなどの電気製品の裏側を調べる場合は、必ず電源を切ってから調べてね！

2 家全体のそれぞれの電気製品の消費電力を調べる。

電気製品の裏側に貼ってあるシールなどに書いてある「消費電力〔W〕」をチェックする。「電流〔A〕」と「電圧〔V〕」しか書かれていない場合は、両者をかければ、「消費電力〔W〕」が求まる。

3 1日分の消費電力量を調べる。
それぞれの電気製品を、1日のうち平均して何時間使用しているのかを記録用紙に書く。
次に、**2** で調べた消費電力をもとに、電気製品ごとの1日分の消費電力量を求める。
そして、すべてを合計して家全体での1日分の消費電力量を出す。

消費電力量の求め方

消費電力量は、消費電力×使用した時間　で求める。

〔例〕30 Wの電気製品を30分間使用した場合の消費電力量は、
30〔W〕×0.5〔h〕=15〔Wh〕

消費電力量は使った時間に比例するね。

節電するものを考えるときは、無理なく節電できそうなものにしよう。

4 できるだけ節電して1日をすごした場合の消費電力量を調べる。

1:調べた電気製品のうちで節電できそうなものを考える。

〔例〕
- ・テレビを見るのをひかえる(−5時間)
- ・エアコンの使用をひかえる(−3時間)
- ・使用していない照明を消す(−1.5時間)　など

2:節電したときの1日分の消費電力量を計算する。

5 ふだんの1日分の消費電力量と、節電したときの1日分の消費電力量を比べる。

2 1日分の消費電力量からCO_2排出量を計算する

電気をつくる(発電する)とき、CO_2を排出することを考えよう。

環境省の資料では、排出係数は〔t-CO_2/kWh〕で表示されているよ。CO_2の排出量を計算するときは、t(トン)をkgに直して計算しよう。(1 t=1000 kg)

1 ふだんの1日分の消費電力量と節電したときの1日分の消費電力量それぞれで、発電するために排出(はいしゅつ)されているCO_2(二酸化炭素)の量を計算する。

CO_2(二酸化炭素)の排出量の求め方

CO_2の排出量は、消費電力量× CO_2排出係数　で求める。

〔例〕消費電力量が 15 kWh の場合。
東京電力エナジーパートナーの令和 4 年度の CO_2 排出係数は
0.000457〔 t-CO_2/kWh〕、1 t = 1000 kgなので、
0.000457〔 t-CO_2/kWh〕=0.457〔kg-CO_2/kWh〕
15〔kWh〕×0.457〔kg-CO_2/kWh〕= 6.855〔kg〕

CO_2排出係数は電力会社によって少しちがうよ。

※CO_2排出係数は環境省の資料などで確認する。
※CO_2排出係数とは、電気の供給1 kWhあたりにどのくらいのCO_2を排出しているかを示す値(あたい)。

実験の注意とポイント

●計算するときはWとkW、WhとkWhに気をつけよう！1000 W= 1 kWだよ。

レポートの実例

このレポートはひとつの例です。
実際には、自分で行った実験の結果や考察を書きましょう。

家庭内の消費電力調べ

○年○組　○○○○

研究の動機と目的

夏が近づくと節電についてテレビなどで取り上げられる。電気製品のむだな使用をひかえると、どれくらいの節電ができるか、また、電気製品の使用が環境(かんきょう)にどのような影響(えいきょう)を与(あた)えるかに興味がわいた。そこで、家庭でのふだんの電気製品使用状況(じょうきょう)と、節電を心がけた場合とを比べて、どのくらいの節電になるかを調べた。また、家庭で消費される電力量(でんりょくりょう)を発電するために、どのくらいの二酸化炭素（CO_2）が排出(はいしゅつ)されているかを調べ、ふだんと節電した場合で比べた。

＊家庭の電気製品
＊電気製品の取扱(とりあつかい)説明書（カタログなど）
＊記録用紙　など

実験準備　**記録用紙の作成**

＞方法　家全体の主な電気製品と、その消費電力(しょうひでんりょく)、使用時間、消費電力量が書ける記録用紙を数枚つくった。

実験1　**家全体の各電気製品の消費電力を調べた。**

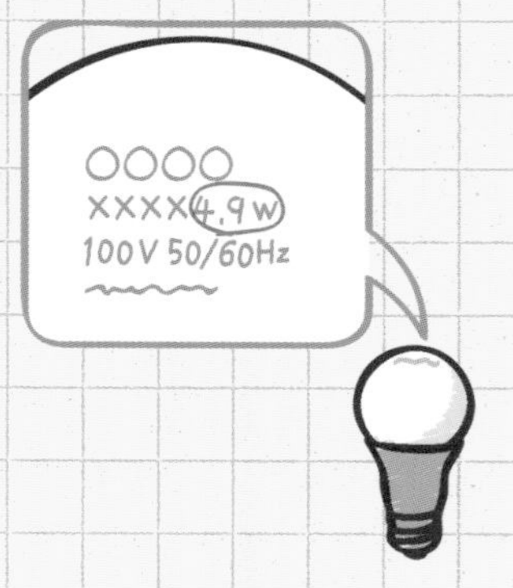

＞方法
（1）部屋別に、電気製品を選び、それぞれ表示されている「消費電力〔W〕」をチェックした。表示のないものは、取扱説明書やカタログ、インターネットなどで確認した。
（2）選んだ電気製品が、1日で平均何時間使用されているのかを調べた。
（3）（1）、（2）をもとに、各電気製品の電気の1日分の消費量（消費電力量）を求め、すべてを合計して家全体の1日分の電気の消費量（消費電力量）を出した。
1日分の電気の消費量（消費電力量）を求める式

消費電力〔W〕×1日で使用した時間〔h〕

(4) 次に節電する製品を決め、電気を節約して1日をすごした場合の消費電力量を計算した。

節電するものは、あまり無理のない程度にとどめた。

【節電したもの】

- 自室のテレビを見るのをひかえる。(ー3時間)
- 自室と居間を合わせたエアコンの使用を半分にした。(ー5時間)
- げんかんの照明をつけっぱなしにするのをやめた。(ー2時間)
- ろうかの照明をつけっぱなしにするのをやめた。(ー2.8時間)

(5) ふだんの1日と、電気を節約した1日での電気の消費量(消費電力量)を比べた。

＞結果

ふだんの1日

	電気製品	消費電力〔W〕	使用時間〔h〕	消費電力量〔Wh〕
自室	照明	50	4	200
	スタンド	9	4	36
	エアコン	530	4	2120
	テレビ	70	4	280
	ノートパソコン	65	4	260
居間	照明	60	6	360
	そうじ機	300	0.5	150
	エアコン	500	6	3000
	テレビ	70	6	420
台所	照明	60	4	240
	かんきせん	12.5	4	50
	レンジ	600	0.6	360
	冷蔵庫	46	24	1104
	すいはん器	500	1	500
その他の空間	せんたく機	600	1	600
	げんかん照明	60	3	180
	ろうか照明	40	3	120
	トイレ照明	60	1	60
	ふろ照明	60	2	120
	ふろかんきせん	5	4	20
			合計	10180

電気を節約した1日

	電気製品	消費電力〔W〕	使用時間〔h〕	消費電力量〔Wh〕
自室	照明	50	4	200
	スタンド	9	4	36
	エアコン	530	2	1060
	テレビ	70	1	70
	ノートパソコン	65	4	260
居間	照明	60	6	360
	そうじ機	300	0.5	150
	エアコン	500	3	1500
	テレビ	70	6	420
台所	照明	60	4	240
	かんきせん	12.5	4	50
	レンジ	600	0.6	360
	冷蔵庫	46	24	1104
	すいはん器	500	1	500
その他の空間	せんたく機	600	1	600
	げんかん照明	60	1	60
	ろうか照明	40	0.2	8
	トイレ照明	60	1	60
	ふろ照明	60	2	120
	ふろかんきせん	5	4	20
			合計	7178

※表の赤い部分が節約した部分。

まとめ

電気を節約した1日は、ふだんの1日に比べ、電気を3002 Wh節約することができた。

実験2 実験1で求めた1日の電気の消費量(消費電力量)からCO_2排出量を計算した。

＞方法 CO_2排出量を求める式

消費電力量〔kWh〕×CO_2排出係数〔kg-CO_2/kWh〕

● CO_2排出係数は環境省のホームページで調べた。
東京電力の令和4年度のCO_2排出係数：0.457〔kg-CO_2/kWh〕

＞結果 ふだんの1日…10.18×0.457＝約4.7〔kg〕
電気を節約した1日…7.178×0.457＝約3.3〔kg〕

まとめ

・実験1では、比較的消費電力が大きいエアコン（自室と居間）の使用を少しひかえるだけで、(2120＋3000)－(1060＋1500)＝2560〔Wh〕の節約ができた。
・実験2では、1日で約1.4 kgのCO_2の排出を削減できることがわかった。

考察

・ふだんの1日と電気を節約した1日をそれぞれ1か月間続けた場合のCO_2排出量を考えてみた。普通に30日すごした場合のCO_2排出量は4.7〔kg〕×30〔日〕＝141〔kg〕、電気を節約して30日すごした場合のCO_2排出量は3.3〔kg〕×30〔日〕＝99〔kg〕、その差は42 kgにもなる。1年間ではおよそ、42×12＝504〔kg〕になる。
樹齢50年のスギ1本が1年間に吸収するCO_2は約14 kgといわれているので、1年間でスギの木約36本分のCO_2の排出が削減できると考えられる。

身のまわりの節電の工夫調べ

身のまわりで行われている節電(せつでん)の工夫(くふう)について、どのようなものがあるか調べてみましょう。

方法

家庭、公共施設(しせつ)、お店など、さまざまなところで行われている節電の工夫について調べる。
記録用紙をつくってまとめる。
まとめるときのポイント
1) どのようなことをしているか。(文字でわかりにくい場合は、写真やイラストなどでわかりやすくするとよい。)
2) どれくらいの節電になるか（難しいが、具体的な電力量で表せるとわかりやすい)。
3) 気づいたこと・思ったこと。(節電の工夫を長く続けるにはどうしたらよさそうか、こうするともっとよいのでは、など)

結果

【レポートの実例】

家庭での節電
【どのようなことをするか】
勉強机の白熱電球を LED 電球に変える。
【どれくらいの節電になるか】
60 W の白熱電球を 60 W 相当の明るさの LED(エルイーディー) 電球（消費電力：11 W）に変える。1 日に 3 時間使うとして、
・白熱電球では、60〔W〕× 3〔h〕= 180〔Wh〕
・LED 電球では、11〔W〕× 3〔h〕= 33〔Wh〕
1 日 147 Wh、1 か月（30 日）では 4410 Wh の節電ができる。
【気づいたこと・思ったこと】
同じ明るさでも白熱電球と LED 電球でこんなに差があったことにおどろいた。
ただ、LED 電球は白熱電球より 1 個の値段が高いのが問題だと思った。

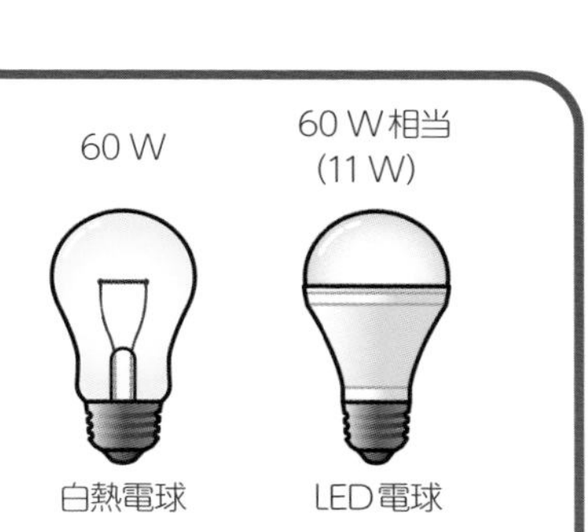

ワンポイント！
●小さなことでも、長期間で考えると大きな節電になっていることもあるよ。大きな節電から小さな節電まで、いろいろ調べてみよう。

サイエンスセミナー

W(ワット)とWh(ワット時・ワットアワー)

Wは電力の単位で、1秒あたりの電気の消費量を表します。Whは電気の消費量、つまり電力量（消費電力量）の単位です。1 Wの電気を1時間使うときの電力量が1 Whです。

右の図のように、Wをじゃ口から出る水の流れの大きさにたとえると、Whは1時間で流れた水量になります。

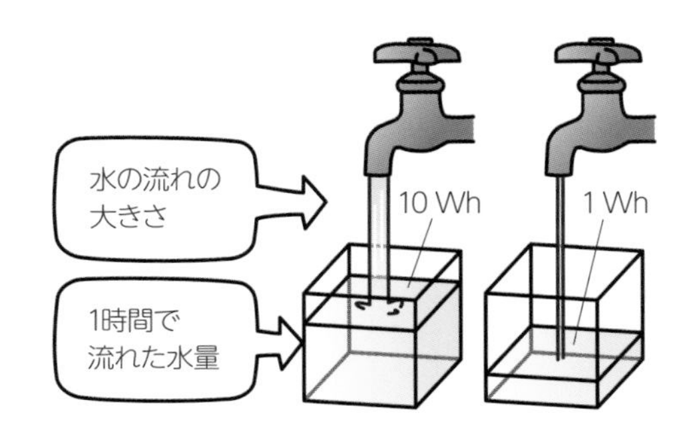

時間 4時間　難易度 ★★★★

向かい風でもヨットは進む!

【研究のきっかけになる事象】
ヨットは追い風だけでなく、横風や向かい風のときにも前に進むことができる。

【実験のゴール】
帆の角度や風の向きによってヨットがどのように進むか調べてみよう。

用意するもの
▶模型用のタイヤ(4個)　▶シャフト(2本)
▶曲がるストロー　▶はさみ　▶カッター　▶段ボール
▶セロハンテープ　▶分度器　▶工作用紙　▶定規
▶コンパス　▶発泡スチロール　▶竹串　▶ボンド
▶割りばし　▶ビニル袋　▶細い針金　▶マスキングテープ
▶扇風機　▶ストップウォッチ　など

実験の手順　準備　模型のヨットをつくる

⚠**注意**　はさみやカッターなどを使うときは、手を切らないように気をつけよう。

発泡スチロールは食品トレイの小片を重ねてセロハンテープでとめたものでもいいよ。

タイヤやシャフト(車軸)は模型店やインターネットで買えるよ。ゴム製のタイヤ、10 ㎝以上のシャフトを使うと台車が安定しやすいよ。

タイヤ間の幅に合わせて箱や段ボールの幅を変えよう。

竹串は20 ㎝前後のものを使おう。

1 模型のヨットの台車部分をつくる。

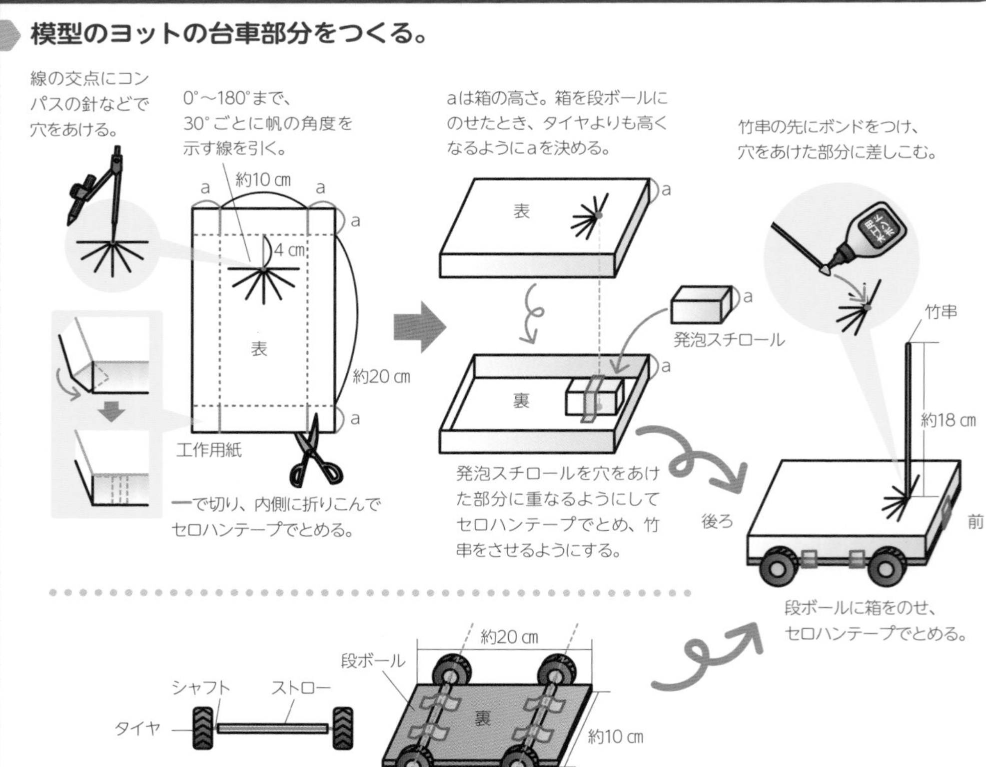

2 帆の部分(A、B、C)をつくり、模型のヨットを完成させる。

ストローは、直径6㎜くらいの曲がるストローを使おう。

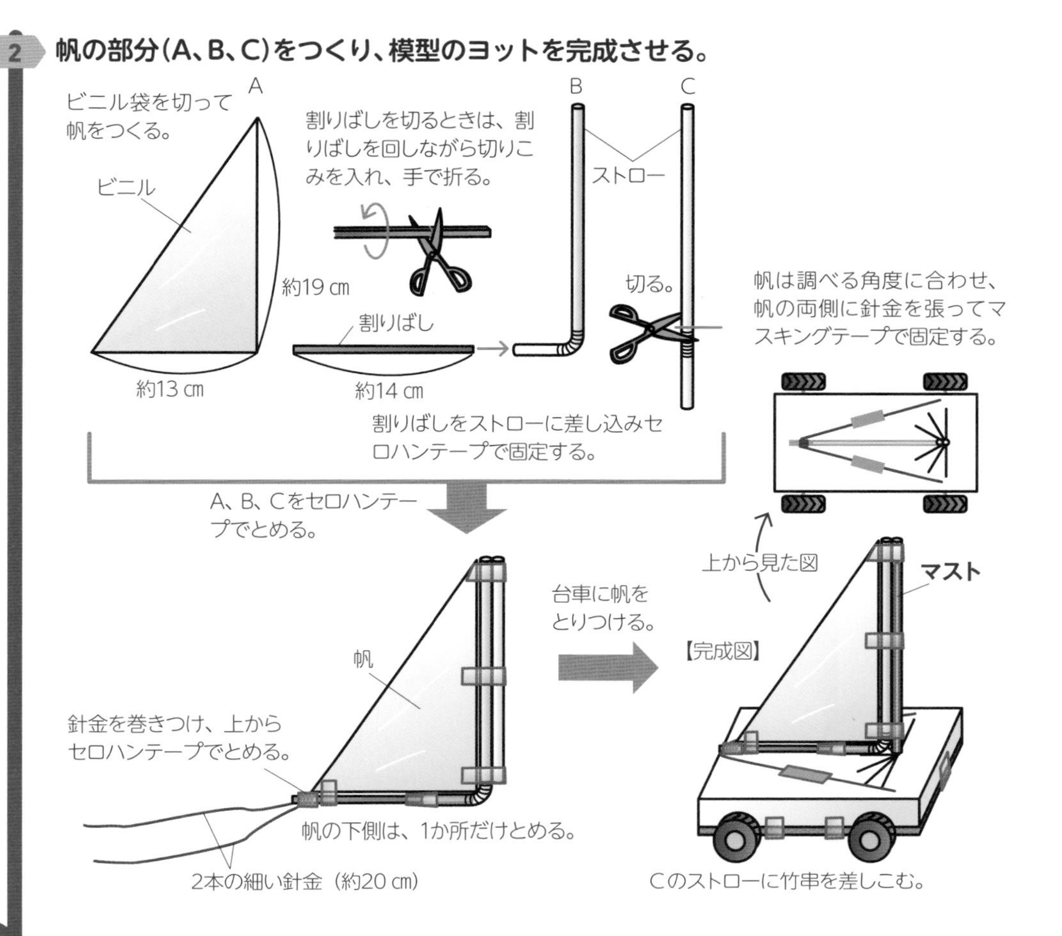

⚠**注意**　針金の先でけがをしないように気をつけよう。

マスキングテープは、はったりはがしたりしやすいテープ。針金の、帆のわくに近いところでとめると帆を固定しやすいよ。

1 帆の角度や風を当てる向きを変えて、ヨットの進み方を調べる

1 テーブルの上にヨットをのせ、ヨットの前のはしをスタートラインに合わせる。ヨットの真後ろの、マストから約30 ㎝離れた場所に扇風機を置く。この扇風機の位置をAとする。

扇風機はなるべく大きいものを使って実験しよう。

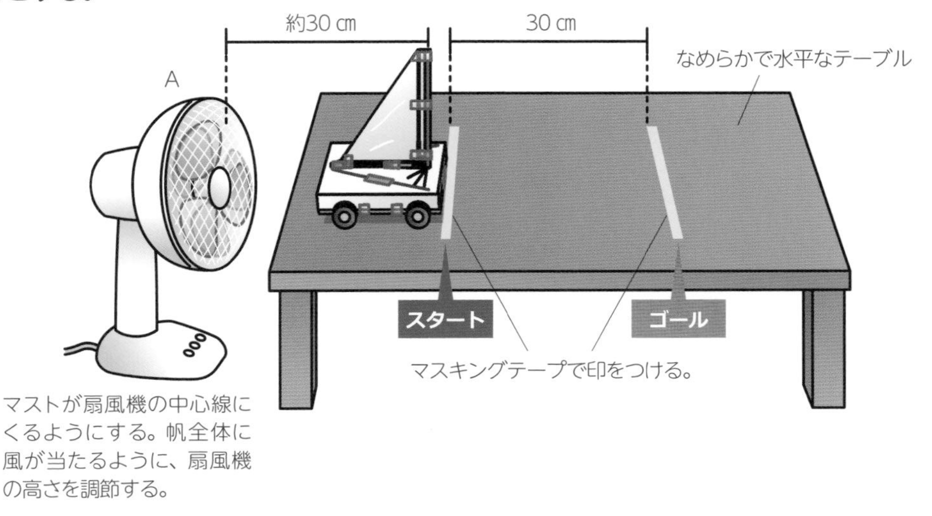

テーブルの材質や扇風機の種類など、いろいろな条件によってヨットの進み方はちがってくるよ。ヨットが途中で止まってしまった場合は、進んだ距離を記録しておこう。

2 **帆の角度を0°に合わせて、ヨットを押さえる。Aの位置で扇風機のスイッチを入れ、強風にする。風が落ち着いたらヨットから手を離し、ヨットの進む向きを確認しながら、進む速さをストップウォッチではかる。ヨットの速さは、ヨットが30 ㎝の距離を何秒で進んだかではかる。**

3 **帆の角度を30°〜180°まで30°ずつ変えながら、2の操作をくり返す。**

4 **扇風機の位置をB〜Eのように変え、それぞれの位置で2 3と同じように帆の角度を変えて、ヨットの進む向きと速さを調べる。**

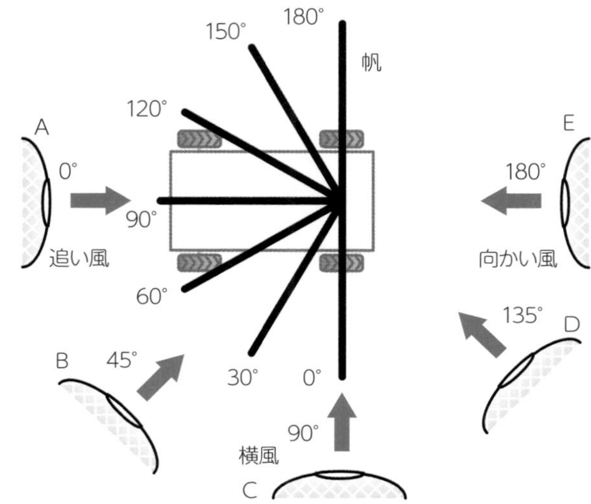

レポートの実例

このレポートはひとつの例です。
実際には、自分で行った実験の結果や考察を書きましょう。

ヨットの進み方の研究

〇年〇組　〇〇〇〇

研究の動機と目的

ヨットは風の力だけで動くが、向かい風でも前のほうに動くことができることを知った。そこで、台車を使ったヨットの模型をつくり、帆の角度と風の方向によって、ヨットの進み方がどう変わるかを調べてみた。

準備したもの

＊模型用のタイヤ　＊シャフト　＊ストロー　＊はさみ　＊カッター
＊段ボール　＊セロハンテープ　＊分度器　＊工作用紙　＊定規　＊コンパス
＊発泡スチロール　＊竹串　＊ボンド　＊割りばし　＊ビニル袋
＊細い針金　＊マスキングテープ　＊扇風機　＊ストップウォッチ

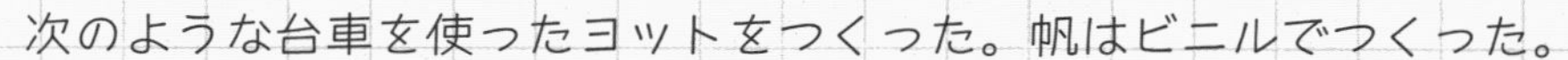

次のような台車を使ったヨットをつくった。帆はビニルでつくった。

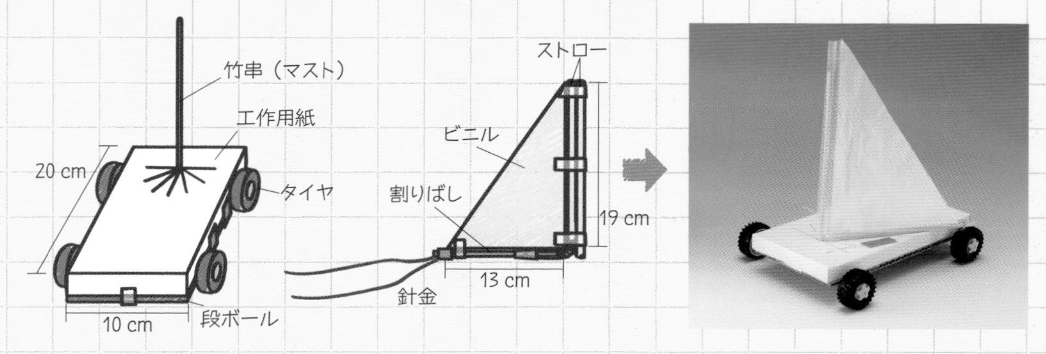

実験1 **帆の角度や風を当てる向きを変えて、ヨットの進み方を調べた**

＞方法

（1）なめらかで水平なテーブルを実験台にし、スタートとゴール間の距離は30 cmにした。スタートの位置に置いたヨットの真後ろの、マストから30 cm離れた場所に扇風機を置いた。この扇風機の位置をA（追い風、0°）とした。

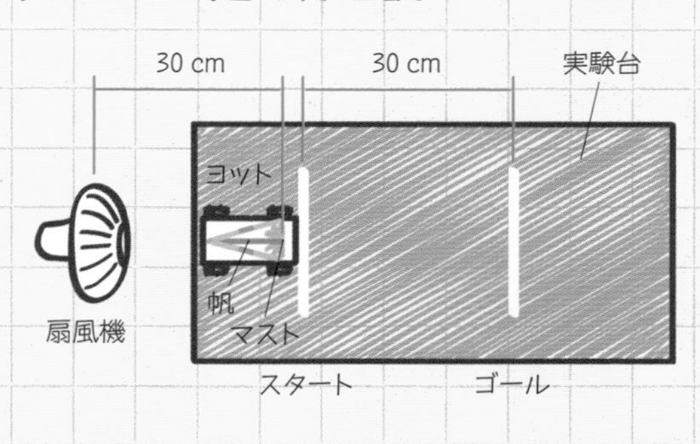

（2）ヨットの帆の角度を0° に調節して、扇風機の強風を当て、ヨットの進む向きと速さ（30 cmを進む時間）を調べた。

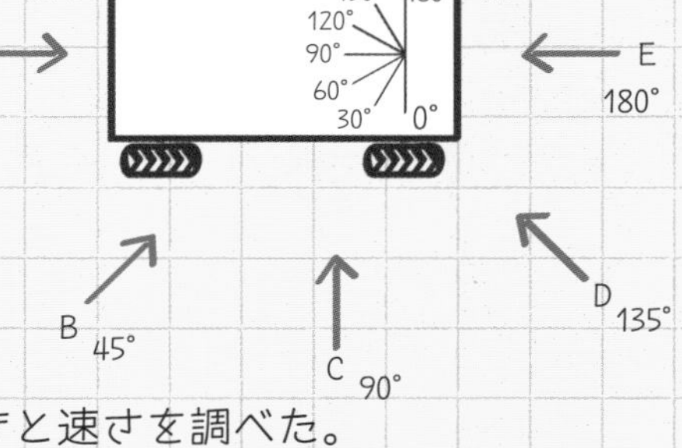

（3）扇風機の位置はAのまま、帆の角度を30° ～180° まで30° ずつ変えて、（2）と同じようにヨットの進む向きと速さを調べた。

（4）図のように扇風機をB（追い風、45°）、C（横風、90°）、D（向かい風、135°）、E（向かい風、180°）の位置に動かして、（2）、（3）と同じように帆の角度を変えながら、それぞれの風の向きでのヨットの進む向きと速さを調べた。

＞結果

時間は10回測定した平均値

	風の方向	帆の角度	0°	30°	60°	90°	120°	150°	180°
追い風	0°（A）	進む向き	前	前	前	前	前	前	前
		時間	0.64秒	0.65秒	0.84秒	1.21秒	0.75秒	0.62秒	0.61秒
	45°（B）	進む向き	前	前	×	×	前	前	×
		時間	0.76秒	0.80秒			0.81秒	0.76秒	
横風	90°（C）	進む向き	×	後ろ	後ろ	×	前	前	×
		時間					途中で止まる	途中で止まる	
向かい風	135°（D）	進む向き	後ろ	後ろ	後ろ	×	前	×	後ろ
		時間					途中で止まる		
	180°（E）	進む向き	すべて後ろ向きに動く						
		時間							

×＝動かなかった。

考察

- 風の方向が0°や45°のときの追い風では、帆（ほ）の角度が風の方向と直角に近くなるほど、ヨットの速さが速くなることがわかった。これは、帆と風がなす角度が直角に近いほど、帆の面が受ける風の量が多くなるからだと考えられる。
- 横風のときは、帆の角度によって前や後ろに動き、追い風のときとはちがっていた。このとき、帆が前方にふくらむと前進し、後方にふくらむと後進した。帆がバタバタと前後にはためいていたときはヨットは動かなかったので、帆のふくらみがヨットを走らせる力に関係しているのではないかと思う。
- 向かい風では前に進むのは難しかったが、風の方向が135°で帆の角度が120°のときだけ前進し、向かい風でもヨットが前に進むことがわかった。しかし、進む速さはほかの角度の風よりも遅（おそ）かった。

帆の材質を変えて調べよう

帆の材質を段ボールやガーゼに変えて、ヨットの進み方を調べます。

準備 58ページの実験でつくったヨット、段ボール、ガーゼ、はさみ、カッター、セロハンテープ、マスキングテープ、扇風機、ストップウォッチ

方法
1）ビニルの帆と同じように、段ボールとガーゼで帆をつくる。
2）ヨットからビニルの帆をはずし、段ボールやガーゼの帆をとりつけて、それぞれ59ページの実験の手順1と同じように追い風（風の方向が0°のとき）について実験する。

結果 ・追い風（0°）のときのヨットの進み方は以下の表のようになった。

	0°	30°	60°	90°	120°	150°	180°
ビニル	0.64秒	0.65秒	0.84秒	1.21秒	0.75秒	0.62秒	0.61秒
段ボール	0.73秒	0.81秒	1.16秒	動かない	1.47秒	0.67秒	0.66秒
ガーゼ	0.79秒	0.77秒	0.79秒	0.87秒	0.81秒	0.77秒	0.75秒

ワンポイント！ ビニルの帆は風に当たるとふくらむが段ボールの帆はふくらまない、ビニルの帆は風を通さないがガーゼの帆は風を通し、やわらかくて張りがない、ということが関係していると考えられる。

サイエンスセミナー

ヨットが向かい風のときでも進めるわけ

ヨットの帆は、風を受けるとふくらみます。空気はふくらんだ帆に沿って流れます。このとき、図1のように帆のa、b面で圧力（あつりょく）がちがい、a面側の圧力は低くなり、b面側の圧力は高くなります。この圧力の差によって、帆に➡の向きの力が生じます。この力を**揚力**（ようりょく）といいます。飛行機はこの原理を利用して空を飛んでいます。

58ページの実験で使ったヨットは台車が前後にしか進まないため、図2のように生じた揚力が進行方向の力と横の方向の力に分解され、進行方向の力（推進力）によって前に進むのです。水上のヨットは横にも進めるので、センターボードやキールというもので横流れを防いでいます。

横風の場合も揚力を得て進むことができます。

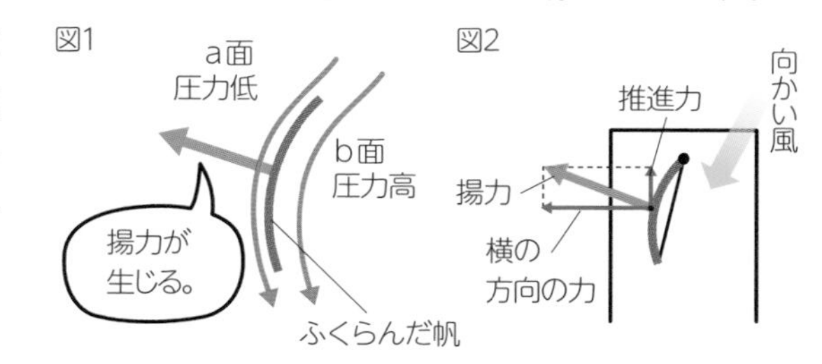

時間 7時間　難易度 ★★☆☆

パイナップルゼリーのひみつ

【研究のきっかけになる事象】
ゼラチンでゼリーをつくるとき、生のパイナップルを入れるとゼリーが固まらないことがある。

【実験のゴール】
生のパイナップルがもつゼラチンを分解するはたらきについて調べ、ほかの食材でもこのはたらきがあるのか実験してみよう。

用意するもの
▶ゼラチン(顆粒状)　▶パイナップル(生)
▶パイナップル(缶詰)　▶キウイフルーツ　▶ショウガ
▶パパイヤ　▶水　▶プラスチック容器(9個)
▶耐熱容器　▶計量スプーン　▶計量カップ　▶はかり
▶おろし器　▶ふきん　▶割りばし　▶温度計　など

実験の手順

準備 ゼラチン液を用意する

1 mL＝1 cc
大さじ1＝15 mL

顆粒状のゼラチンはふやかす必要がないよ。ゼラチンをとかすときになべで沸騰させると、ゼラチンが固まりにくくなるよ。

1 耐熱容器に270 mLの熱湯を入れ、ゼラチン30 gをふり入れてとかす。

⚠ やけどに注意。

2 粗熱がとれた 1 のゼラチン液を9個の容器に大さじ2杯ずつ入れ、7個の容器は冷蔵庫で3時間ほど冷やし固める。

粗熱がとれた
ゼラチン液
大さじ2

7個は冷蔵庫へ

2個は
そのまま

1 生のパイナップルと缶詰のパイナップルで、ゼラチンが固まるか調べる

「粗熱をとる」とは加熱した熱いものを少し冷ますこと。手でさわれる程度の熱さが目安だよ。

⚠注意　包丁や器具でけがをしないように気を付けよう。

1 生パイナップルと缶詰パイナップルを1 cm角に切り、冷蔵庫に入れなかったゼラチン液にそれぞれ10個ずつ入れる。

生パイナップル

1 cm角に
切ったもの
10個

缶詰パイナップル

冷やしていない
ゼラチン液に入れる。

2 冷蔵庫に入れ、2時間ほど冷やしてゼラチンが固まったかどうかを調べる。

2 パイナップル果汁の温度を変えて、ゼラチンを分解する量を調べる

果汁をしぼるとき、厚手のキッチンペーパーを使ってもいいね。やぶれないように気をつけよう。皮膚が弱い人は、キッチン用のゴム手袋をしてね。

しぼった汁はすぐに使おう。

加熱するときは、大さじ3杯くらいを耐熱容器に入れて、ようすを見ながら加熱しよう。

⚠注意　加熱した果汁は熱いので、やけどに気をつけよう！

計量スプーンや器具は、1回使うごとに水道水できれいに洗うこと。

1 **生パイナップルの果汁を次のようにして1時間置く。**

パイナップルは、すりおろしてふきんでしぼる。

冷凍庫で冷やす。
容器に大さじ1杯のパイナップル果汁を入れ、冷凍庫で冷やす。

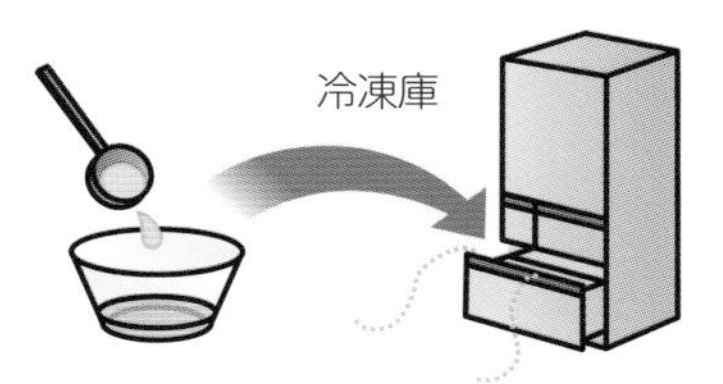

室温に置く。

加熱する。
パイナップル果汁を電子レンジで80 ℃以上に加熱し、室温まで冷ます。

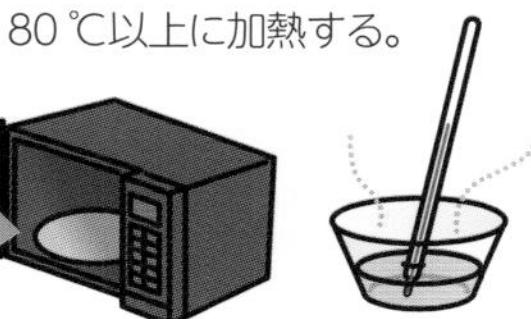

2 **冷やし固めた3個のゼラチンの質量をはかり、1 のパイナップル果汁を大さじ1杯ずつそれぞれのゼラチンに入れる。**

3 **3時間ほど室温に置いた後、容器の液体をそっと捨て、残ったゼラチンの質量をはかる。**

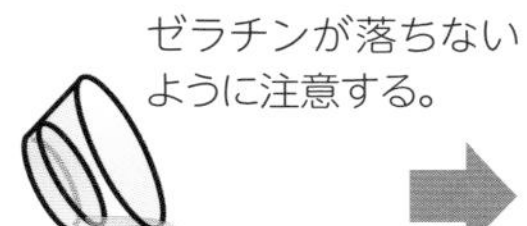

3 いろいろなものでゼラチンを分解する量を調べる

キウイフルーツは緑色の果肉のものを使おう。

⚠注意　実験で使ったゼラチンは食べないこと。

1 **次のように調べる液を用意し、冷やし固めたゼラチンにそれぞれ大さじ1杯ずつ加え、実験の手順2の 2 、3 と同じようにして残ったゼラチンの質量を調べる。**

実験の注意とポイント

- ●ゼラチンは20～30 ℃でとけ始めるよ。なるべく涼しい場所で実験しよう。
- ●果物などの種類や鮮度、使う部位によってゼラチンを分解するはたらきがちがってくるよ。また、実験するときの温度によっても結果が異なるよ。

レポートの実例

このレポートはひとつの例です。
実際には、自分で行った実験の結果や考察を書きましょう。

ゼラチンの分解実験

○年○組　○○○○

研究の動機と目的

　ゼラチンでパイナップルゼリーをつくるとき、生のパイナップルでは固まらないので缶詰のパイナップルを使ったほうがいいと聞いたことがある。なぜ缶詰のものだと固まるのか、ほかにゼラチンを固めないものがあるのかを調べようと思い実験してみた。

準備したもの

＊ゼラチン（顆粒状）　＊パイナップル（生）　＊パイナップル（缶詰）
＊キウイフルーツ　＊ショウガ　＊パパイヤ　＊水　＊プラスチック容器
＊耐熱容器　＊計量スプーン　＊計量カップ　＊はかり　＊おろし器
＊ふきん　＊割りばし　＊温度計　など

準備　熱湯270 mLにゼラチン30 gを加えたゼラチン液をつくって、9個のプラスチック容器に大さじ2杯ずつ入れ、7個は冷蔵庫で冷やし固めた。

実験1　**生のパイナップルと缶詰のパイナップルで、ゼラチンが固まるか調べた**

＞方法
（1）生パイナップルと缶詰パイナップルを1 cm角に切ったものをそれぞれ10個ずつ用意し、準備で冷蔵庫に入れなかったゼラチン液にそれぞれ入れた。
（2）冷蔵庫に入れ、2時間ほど冷やしてゼラチンが固まったかどうかを調べた。

＞結果
生パイナップルを入れたものは固まらなかったが、缶詰パイナップルを入れたものは固まった。

実験2　**パイナップル果汁の温度を変えて、ゼラチンを分解する量を調べた**

＞方法
（1）生パイナップル果汁を次のようにして、1時間置いた。

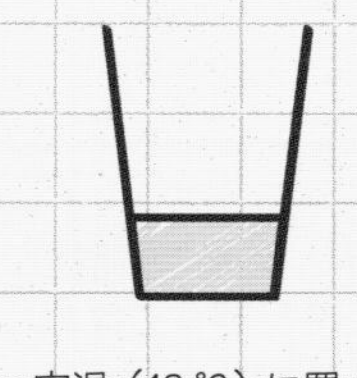

室温（18 ℃）に置く。

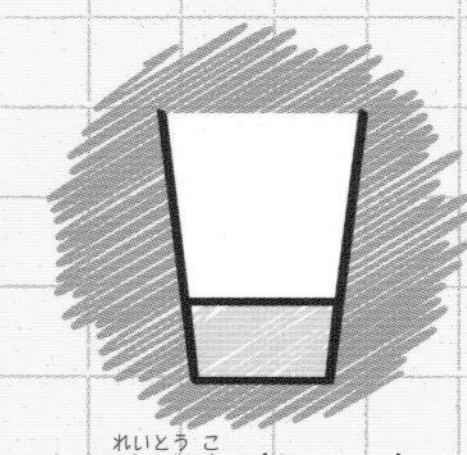

冷凍庫（−18 ℃）に入れる。

80 ℃以上に加熱し、室温程度まで冷ます。

(2) 冷やし固めた3個のゼラチンの質量(しつりょう)をはかり、(1) のようにしたパイナップル果汁を大さじ1杯ずつそれぞれのゼラチンに入れた。

(3) 室温に3時間ほど置いたあと、容器の液体を捨て、残ったゼラチンの質量をはかった。

>結果

	実験前の質量（容器＋ゼラチン）	3時間後の質量（容器＋ゼラチン）	質量の増減
パイナップル（18 ℃）	40 g	39 g	−1 g
パイナップル（−18 ℃）	39 g	38 g	−1 g
パイナップル（86 ℃）	40 g	40 g	0 g

実験3 **ほかにゼラチンを分解するものがあるかを調べた**

>方法

(1) ゼラチンを分解するか調べるものとして、キウイフルーツ、ショウガ、パパイヤ、比較(ひかく)のための水を用意した。水以外はすりおろしてしぼり汁(じる)をとった。

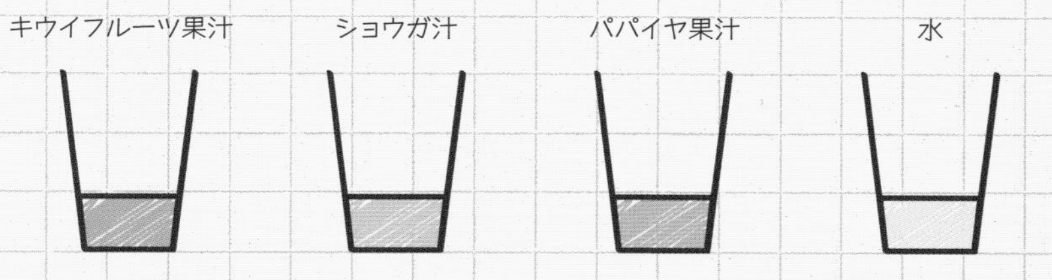

(2) 冷やし固めたゼラチンの質量をそれぞれはかり、(1) で用意した調べる液を大さじ1杯ずつそれぞれのゼラチンに入れた。

(3) 室温に3時間ほど置いた後、容器の液体を捨て、残ったゼラチンの質量をはかった。

>結果

	実験前の質量（容器＋ゼラチン）	3時間後の質量（容器＋ゼラチン）	質量の増減
キウイフルーツ	38 g	36 g	−2 g
ショウガ	38 g	38 g	0 g
パパイヤ	38 g	38 g	0 g
水	38 g	40 g	＋2 g

※ここでは、気温 18 ℃で実験した結果を例として載(の)せています。ゼラチンは 20 ～ 30 ℃くらいでとけるため、夏の気温が高いときに実験すると、レポートの結果と異なることがあります。

考察

実験3から、ゼラチンは水を2g吸収することがわかった。ほかのゼラチンも同じように水分を吸収すると考えると、ゼラチンの分解量は次のようになると考えられる。

	分解量		分解量
パイナップル（18℃）	3g	キウイフルーツ	4g
パイナップル（−18℃）	3g	ショウガ	2g
パイナップル（86℃）	2g	パパイヤ	2g

調べてみると、生のパイナップルにはゼラチンなどのタンパク質を分解する酵素(こうそ)が含(ふく)まれているという。これより、タンパク質を分解する酵素は0℃以下の低温に置いてもはたらきは失われないが、80℃くらいまで加熱するとはたらきが弱まると考えられる。缶詰(かんづめ)のパイナップルは加熱処理してあるので、酵素のはたらきが弱くなり、実験1でゼラチンが固まったのだろう。また、パイナップル以外ではキウイフルーツがタンパク質を分解するはたらきが大きいことがわかった。

サイエンスセミナー

タンパク質を分解する酵素

ゼラチンの主成分はタンパク質です。パイナップルなどには、タンパク質を分解する酵素がふくまれています。酵素は生物のからだでつくられる物質(ぶっしつ)で、呼吸(こきゅう)や消化(しょうか)などの生命活動に必要な化学反応(かがくはんのう)を速くするはたらきがあります。酵素のはたらきは温度やpH(ピーエイチ)（酸性やアルカリ性の強さを数値で表したもの）などで変わります。温度が高すぎたり、pHが高すぎたり低すぎたりすると、酵素の性質が変わってそのはたらきを失ってしまいます。

また、酵素は特定のものだけにはたらきます。142ページの「ゼラチンと寒天はどうちがう？」で、パイナップルにふくまれる酵素が寒天（炭水化物）を分解するか確かめてみましょう。

おもにふくまれるタンパク質分解酵素

※パパインは未熟の青パパイヤに多くふくまれ、完熟した黄色いパパイヤにはごくわずかしかふくまれない。

酸性やアルカリ性でタンパク質を分解するはたらきを調べる実験

酸性やアルカリ性の環境でパイナップルがゼラチンを分解するはたらきは変わるのか、クエン酸水や重そう水を使って調べてみましょう。

準備 ゼラチン（顆粒状）、パイナップル（生）、クエン酸、重そう、水、耐熱容器、プラスチック容器（5個）、計量スプーン、計量カップ、はかり、おろし器、ふきん、割りばし　など

方法
1）熱湯180 mLにゼラチン20 gを加えて64ページの準備のようにゼラチン液をつくり、5個の容器に大さじ2杯ずつ入れ、冷蔵庫で冷やし固める。
2）次のように、液の性質を変えるためのクエン酸水や重そう水、水を用意する。

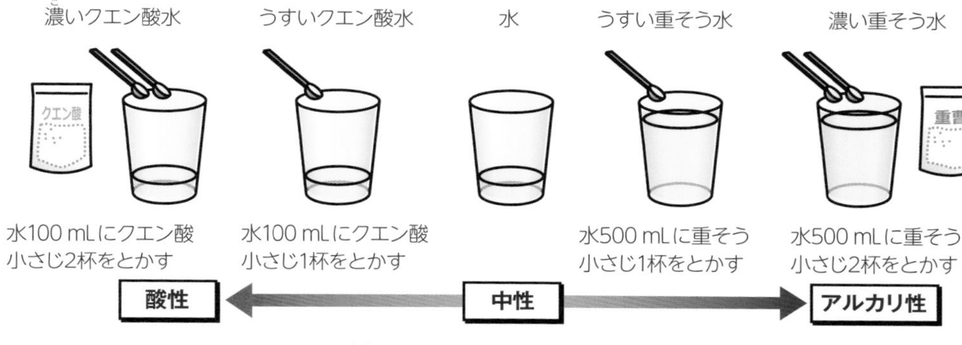

3）パイナップルをすりおろし、しぼって汁をとる。
4）冷やし固めたゼラチンの質量をそれぞれはかり、パイナップル果汁大さじ1杯と、2）で用意した液の性質を変える液を小さじ1杯ずつ、それぞれのゼラチンに入れる。
5）室温に4時間ほど置いたあと、容器の液体を捨て、残ったゼラチンの質量をはかる。

結果

加えた液の性質	加えた液	実験前の質量（容器＋ゼラチン）	4時間後の質量（容器＋ゼラチン）	質量の増減
酸性	濃いクエン酸水	33 g	29 g	−4 g
↑	うすいクエン酸水	33 g	28 g	−5 g
中性	水	29 g	23 g	−6 g
↓	うすい重そう水	29 g	23 g	−6 g
アルカリ性	濃い重そう水	30 g	24 g	−6 g

酸性の液を加えると、パイナップル果汁のゼラチンを分解するはたらきが弱まる傾向がある。

ワンポイント！
- 重そうが水にとけきれない場合は上澄み液を使う。
- パイナップル果汁にふくまれるブロメラインという酵素は、pH5〜8でよくはたらく。クエン酸水や重そう水のpHを調べてみて、整合性があるか確認してみるのもよい。

時間 1時間　難易度 ★☆☆☆

色をつくる! 草木染めの研究

【研究のきっかけになる事象】
植物を使って布を染める「草木染め」という方法がある。

【実験のゴール】
花の色や媒染剤(ばいせんざい)によって染まり方がどのようにちがうか調べてみよう。

用意するもの
- 黄色や赤色の花
- 綿と化学繊維(せんい)(ナイロンなど)の布
- 焼きミョウバン　▶ボウル　▶なべ
- 菜ばし　▶不織布(ふしょくふ)のごみ袋(ぶくろ)(三角コーナー用)　▶輪ゴム
- 計量スプーン　など

実験の手順

1 染色液をつくって、布を染める

黄色の花はヒマワリやオオアワダチソウなどでもいいよ。花屋さんでいろいろな花を探してみよう。鉢植えでもOK。

1 染める布を準備する。
白い綿の布と化学繊維(ナイロンなど)がふくまれた布を10 ㎝×10 ㎝の大きさに切ったものを4枚ずつ用意し、ぬるま湯につけておく。

新しい布にはのりなどがついていて、そのままでは染まりにくいよ。

1 mL＝1 cc

ステンレスかホーローのなべでないと正しい結果が出ないよ。

袋がなべのふちに直接当たるととけるので注意してね。

2 染色液をつくる。

黄色の花と赤色の花をつみ取って、軽く洗う。

それぞれ不織布のごみ袋に入れて輪ゴムでとめる。

なべに水500 mLを入れ加熱する。

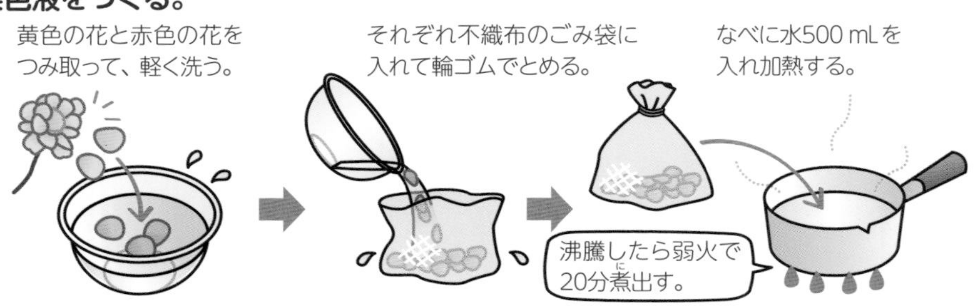

染めるときは、はしでかき混ぜないと、むらになることがあるよ。

3 布を染める。

布を入れて10分間弱火で煮る。

染色液と布を取り出し、器に入れておく。

冷めたら水で洗い、かげ干しする。

2 媒染剤を使って、色がどのように変化するか調べる

焼きミョウバンは、スーパーなどで漬物用として売られているよ。

焼きミョウバンを加えてから沸騰させると、うまく染まらなくなるよ。

1 **染色にはよく染まるように媒染剤を使う。ここでは、焼きミョウバンを使って染まり方がどのように変わるかを調べてみよう。**

実験の手順1で使った染色液に媒染剤として、それぞれ小さじ$\frac{1}{2}$杯の焼きミョウバンを加えてとかす。布をそれぞれ入れて、実験の手順1と同じように染色する。

※媒染剤とは布を染まりやすくする薬剤。焼きミョウバンにはアルミニウムがふくまれている。これが色素と化学反応を起こし、色が変わる。

実験の注意とポイント

- 染色液をつくったり、布を染めたりするときにやけどをしないように注意しよう。
- なべに色が残ることがあるので、おうちの人に断ってからなべを使うようにしよう。
- 花の種類によっては、黄色の花でも染まりにくいものもあるよ。
- どの布が何の実験の結果かわからなくならないように、布のはしに油性のサインペンで印をつけておくと便利だよ。また、実験の過程を撮影しておくと、あとでまとめやすいよ。

今回の実験では、花を使って染めましたが、ヨモギなどの草、なすや玉ねぎなどの野菜の皮、ブルーベリージャムなど、さまざまなもので染めることができます。いろいろ試してみると、楽しいですよ。

↑ヨモギ染め

↑なすの皮染め

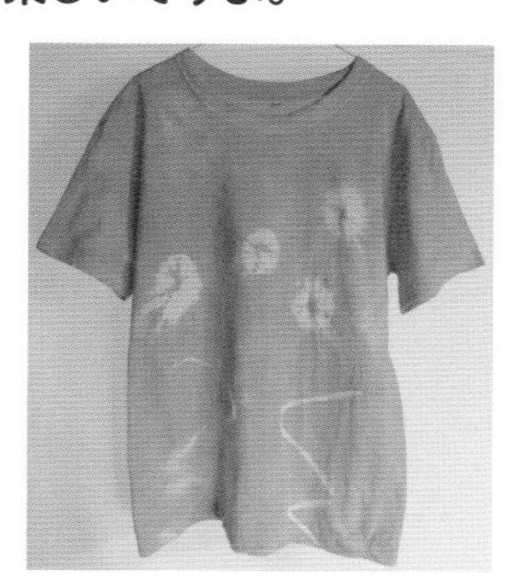
↑玉ねぎの皮染めのTシャツ

←ブルーベリージャム染め

ブルーベリージャムに酢と水を加えてよく混ぜた液に布をつけて1時間置いてから水洗いすると鮮やかに染まるよ。

*このページの写真は、すべて©バンティアン

レポートの実例

このレポートはひとつの例です。
実際には、自分で行った実験の結果や考察を書きましょう。

草木染めの研究

○年○組　○○○○

研究の動機と目的

きれいな花を見ていたら、これで布を染めることができないかと思った。調べてみると、植物の色素で布を染めることを草木染めというそうだ。そこで身近な花を使って試してみることにした。また、焼きミョウバンを使って、色の変化を見て、焼きミョウバンが媒染剤(ばいせんざい)としてはたらくかどうか調べた。

準備したもの

＊菊(きく)の花（赤色と黄色の2種類）　＊綿100 %の白い布
＊ポリエステル65 %、綿35 %の白い布　＊焼きミョウバン　＊ボウル　＊なべ
＊菜ばし　＊不織布(ふしょくふ)のごみ袋(ぶくろ)　＊輪ゴム　＊計量スプーン

実験1　花を煮(に)て、染色液をつくり、綿と化学繊維(せんい)の染まり方を調べた

＞方法

（1）綿100 %の布とポリエステル入りの布を10 cm×10 cmの大きさに切ったものを4枚ずつ準備し、汚(よご)れやのりを除くためにぬるま湯につけた。
（2）黄色の花と赤色の花をそれぞれ30 gずつつみ取り、さっと洗ってから、別々の不織布のごみ袋に入れ、輪ゴムで口をしめた。
（3）それぞれをホーローのなべに入れ、水500 mLを加えて加熱した。沸騰(ふっとう)したら弱火でさらに20分間煮て、染色液をつくった。
（4）綿100 %の布とポリエステル入りの布をそれぞれの染色液に入れて、弱火で10分間加熱した。粗熱(あらねつ)が取れたら、布と染色液を別の容器に入れ、染色液が冷めるまで置いてから布を取り出し、水でよく洗ってかげ干しした。

実験2 染色液に媒染剤として焼きミョウバンを加えたときの色の変化を調べた

＞方法

(1) 実験1でつくった染色液にそれぞれ焼きミョウバンを小さじ$\frac{1}{2}$杯（ぱい）ずつ加え、よくかき混ぜて色の変化を調べた。布を入れて、実験1と同じ手順で染色した。

(2) 実験1で染まった布と、染まり方にどのようなちがいがあるか調べた。

＞結果

染色液、焼きミョウバンを加えた染色液での染まり方は、以下の表のようになった。

	実験1			実験2		
		綿	化学繊維		綿	化学繊維
黄色の花	染色液は透明（とうめい）な黄色			染色液は濃（こ）い黄色		
赤色の花	染色液は濃い青緑っぽい色			染色液は赤紫（むらさき）色		

まとめと考察

・黄色の花の染色液で布は黄色に染まったが、赤色の花の染色液では赤く染まらなかった。
・焼きミョウバンを加えると、染色液の色が大きく変化した。
・焼きミョウバンを加えた染色液では、加えない染色液よりもよく布が染まっていた。これにより、焼きミョウバンが媒染剤としてはたらくことがわかった。
・綿100％の布のほうがポリエステル65％、綿35％の布よりもよく染まっていた。このことから、化学繊維よりも綿のほうが染まりやすいと考えられる。

サイエンスセミナー

草木染めで布が染まるのは、ふくまれている色素のため

草木染めに使う植物には色素がふくまれています。色素には、ニンジン、トマトなどにふくまれ、だいだい・赤色などを示すカロチノイド、玉ねぎの皮やミカン類の皮などにふくまれ、黄色を示すフラボノイド、野菜などの緑色のもとになるクロロフィル、なすの皮などにふくまれるアントシアニンなど、さまざまなものがあります。

赤系のカロチノイドは水にとけにくく、今回の実験のように煮(に)出して使うことはできません。そのため、赤色の花でうまく染まらなかったのです。赤い花に酢(す)水を加えてよくもみ出すと、色素が抽出(ちゅうしゅつ)でき、右のように染めることができます。

クロロフィルは酸性の液では黄褐色(おうかっしょく)、アルカリ性の液では鮮(あざ)やかな緑色になります。アントシアニンも酸性で赤色、アルカリ性では青、緑、褐色などを示します。色素の性質を利用すると、水溶液(すいようえき)の酸性・アルカリ性を調べることもできるのですね。

赤い花も酢水でもみ出すと…

きれいなピンク色に！

媒染剤(ばいせんざい)ってどんなもの?

染色液に布をつけると色がつくけれど、これは布の表面に色素がくっついているだけです。特に植物の色素は繊維(せんい)の中になかなか入りません。ですから、洗うと色が落ちてしまうことがあります。そこで、色素を染めるものにしっかりつけるはたらきをするのが媒染剤なのです。媒染剤には色止め効果のほかに、化学反応(かがくはんのう)による発色効果があります。

媒染剤には、右上の表のように、ミョウバン（アルミニウム）や硫酸(りゅうさん)第一鉄などの水溶性の金属化合物(かごうぶつ)が多く利用されます。色素と化学反応を起こすので、同じ染色液を使っても、ちがう色に染まります。また、右下の表のように、材料によって適する媒染剤がちがいます。

今回の実験で使用した焼きミョウバンは、硫酸アルミニウムに硫酸カリウム水溶液を混ぜてつくられたものを加熱して水分を除いたものです。水にとけにくいので、熱湯に入れるか、加熱してとかしますが、沸騰(ふっとう)させると変質します。

金属	水溶性の金属化合物
アルミニウム	焼きミョウバン 酢酸(さくさん)アルミニウム
鉄	酢酸第一鉄 硫酸第一鉄
銅	硫酸銅
スズ	スズ酸ナトリウム

材料	使う部分	染まった色	媒染剤
松葉	葉	抹茶(まっちゃ)色	焼きミョウバン
ドクダミ	葉	黄色	
黒豆	豆	チョコ色	
ミカン	皮	クリーム色	
カレー粉	粉	黄金色	
バラ	茎(くき)・葉	シルバーグレー	鉄
栗	皮	グレー	
茶	茶がら	茶色	酢酸銅
あずき	豆	あずき色	石灰(せっかい)

発展研究

媒染剤による染まり方のちがいを調べる実験

媒染剤にはミョウバン以外にもいろいろなものがあります。染まり方にどのようなちがいがあるか調べてみましょう。

準備 黄色の花、布、さびた鉄くぎ、酢、消石灰、口の広いびん

方法
1) さびた鉄くぎに酢250 mLと水500 mLを加え、分量が半分になるまで煮る。粗熱(あらねつ)が取れたら、口の広いびんなどに入れ、1週間置き、鉄媒染剤をつくる。
2) 70ページの実験の手順1と同じように、黄色の花で染色液をつくる。それを2つに分け、一方には鉄媒染剤、一方には消石灰小さじ1杯をそれぞれ加える。鉄媒染剤を加えた染色液に布を入れ、弱火で3分間加熱する。消石灰を加えた染色液に布を入れ、そのまま置く。

結果 鉄媒染剤を加えると、染色液が黒っぽい色になり、布もうすい褐色に染まった（写真左）。消石灰では、布はうすい黄色に染まった（写真右）。

ワンポイント!
- さびた鉄くぎと酢水でつくったのは酢酸鉄水溶液。鉄を媒染剤に使うと、暗くてしぶい色に染まる。
- 染色液によって染まりにくい媒染剤もある。石灰はあずき染めなどに適している。石灰を加えてから加熱すると布をいためるので、加熱しないこと。

素材による染まり方のちがいを調べる実験

繊維の素材によって、染まり方がどのようにちがうかを調べてみましょう。

準備 黄色の花、中細〜極細の編み糸（綿、毛、絹、アクリル）、焼きミョウバン

方法
1) 70ページの実験の手順1と同じように、染色液をつくる。
2) 4種類の糸をそれぞれ30 cm定規に5回巻きつけ、二つ折りにしてから結ぶ。
3) 実験の手順1と同じように染める。
4) 焼きミョウバンを加え、実験の手順1と同じように染める。

結果 染色液だけだと、右上の写真のように、綿・毛は少ししか染まらなかったが、媒染剤を使うと右下の写真のように鮮(あざ)やかに染まった。絹は染色液だけでもある程度染まったが、媒染剤でより鮮やかになった。アクリルは染色液だけでは染まらず、媒染剤を使っても染まらなかった。

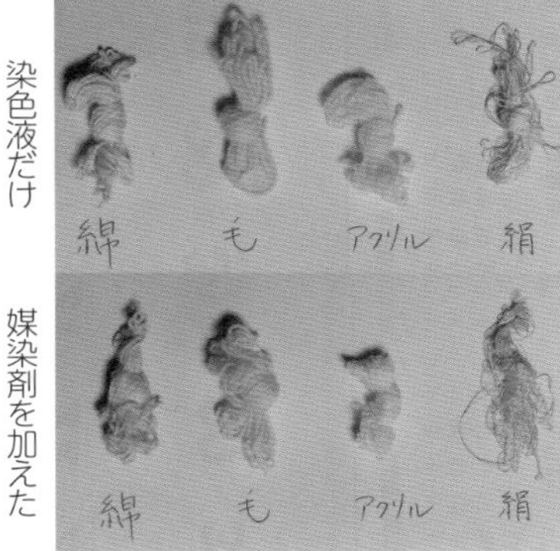

©パンティアン

ワンポイント!
- 一般(いっぱん)に動物性の繊維は染まりやすく、植物性の繊維は染まりにくいといわれている。動物性の繊維の主な成分はタンパク質で、染色液で煮ることで、色素と結びつきやすい。
- 化学繊維のうち、ナイロンは絹と同じくらい染まりやすいが、レーヨン、ポリエステルは綿と同じくらい染まる。アクリルはほとんど染まらない。

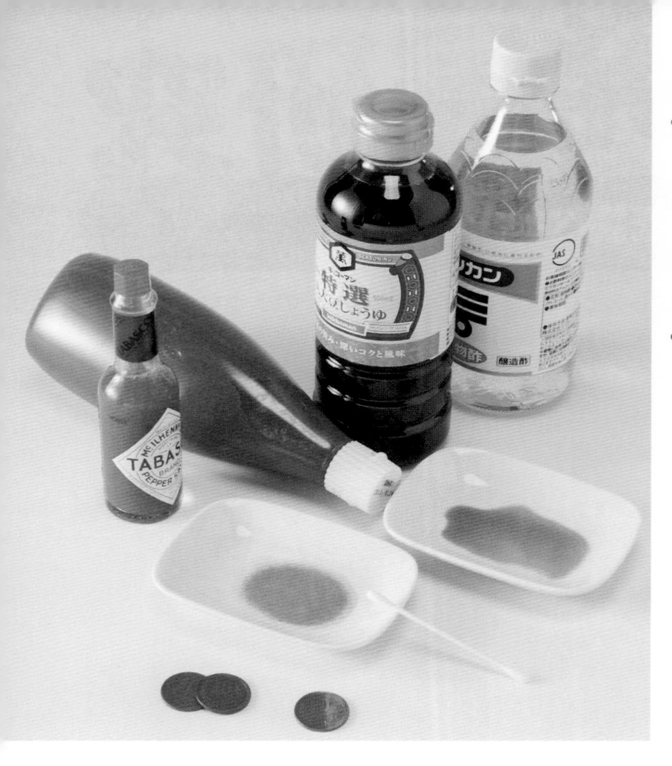

時間 1時間　難易度 ★☆☆☆

10円玉のピカピカ実験

【研究のきっかけになる事象】
古い10円玉は茶色くくすんでいる。この10円玉にタバスコをかけてふきとると、ピカピカにきれいになることが知られている。

【実験のゴール】
タバスコの何が10円玉をきれいにするのか実験で調べてみよう。

用意するもの
▶茶色くなった10円玉10〜20枚　▶小皿
▶綿棒　▶ティッシュペーパー　▶計量スプーン
▶水　▶台所用洗剤　▶タバスコ　▶ラー油
▶しょう油　▶ソース　▶ケチャップ　▶食酢

実験の手順

1 水や洗剤をつけて、10円玉の色を見る

1 水や台所用洗剤をふくませたティッシュペーパーで10円玉をこする。

　実験に使う10円玉の余分なよごれをとるとともに、10円玉の色が手あかや油のよごれによるものではないことを確かめておきます。

2 身近な調味料をつけて試す

10円玉の面の半分に液体をつけると、元とのちがいがよくわかるね。

1 用意した調味料の数だけ10円玉を並べ、綿棒1本ずつにそれぞれの調味料をつけて、10円玉の半分にぬる。

たらすようにぬる。

タバスコ　ラー油　しょう油　ソース　ケチャップ　食酢

調味料によっては、5分では変化がわかりにくい場合もある。待ち時間を倍にしてようすを見てみよう。

2 5分後にティッシュペーパーで、あまりごしごしこすらないように、そっとふきとる。

＊タバスコはアメリカマキルヘニー社の登録商標です。　＊1 cm^3＝1 mL＝1 cc　小さじ＝5 mL＝5 cc＝5 cm^3　大さじ＝15 mL＝15 cc＝15 cm^3

3 使用した調味料にふくまれているものを調べる

1 実験に使用した調味料の原材料を書き出し、10円玉をきれいにした調味料に共通する原材料を選び出す。

同じ種類の調味料でも、製品によって原材料は多少ちがうよ。

	ふくまれているもの
タバスコ	酢　香辛料（こうしんりょう）　塩
ラー油	植物油　唐（とう）がらし　香辛料
しょう油	大豆　麦　米　塩
ソース	野菜　果物　酢　塩
ケチャップ	トマト　酢　塩
食酢	酢

調味料の原材料は、ふくまれている割合の大きい順に容器のラベルに表示されています。食酢の原材料は、米などの穀物（こくもつ）や果物ですが、食酢そのものが原材料として、いろいろな調味料に使われています。

★ 酢と食塩に着目すればいいね！

4 酢と食塩で試す

1 次のような液体をぬり、5分後にティッシュペーパーでそっとふきとる。

色が変わった10円玉は、長く空気にふれると、また色が茶色くくすんでしまうよ。すぐに写真を撮（と）らない場合はセロハンテープなどをはって保存しよう。

食酢
（原液）

うすめた食酢
（食酢に同量の水を加える）

食塩水
（水50 mLに食塩小さじ1杯（ぱい）をとかす）

食酢＋食塩
（食酢大さじ1杯に食塩小さじ $\frac{1}{4}$ 杯をとかす）

うすめた食酢＋食塩
（同量の水でうすめた食酢大さじ1杯に食塩小さじ $\frac{1}{4}$ 杯をとかす）

実験の注意とポイント

- ●10円玉につける材料は、レモンやスイカなどの果物で試すのもいいね。ちなみに道ばたでよく見かけるカタバミの葉をこすりつけても10円玉をきれいにすることができるよ。
- ●家庭で使う食酢は「醸造酢（じょうぞうす）」といって、米や小麦、果実などの原材料を発酵（はっこう）させてつくったものなんだ。酢酸（さくさん）などの酸がふくまれているよ。
- ●しょう油には発酵によってアミノ酸や、乳酸（にゅうさん）などの酸がふくまれている。
- ●実験が終わったら、使用した10円玉は水でよく洗っておこうね。

レポートの実例

このレポートはひとつの例です。
実際には、自分で行った実験の結果や考察を書きましょう。

10円玉のピカピカ実験

○年○組　○○○○

研究の動機と目的

茶色い10円玉にタバスコをかけると、ピカピカにすることができると聞いて、本当なのか試しにやってみることにした。また、ほかの調味料ではどうなのかを調べ、なぜきれいになるのかを考えてみようと思った。

準備したもの

＊茶色くなった10円玉11枚　＊計量カップ　＊計量スプーン
＊綿棒　＊ティッシュペーパー　＊水　＊台所用洗剤(せんざい)
＊タバスコ　＊ラー油　＊しょう油　＊ソース　＊ケチャップ　＊食酢(しょくす)

実験1　**10円玉の茶色は水や洗剤で落ちるかどうか調べた**

＞方法　水や台所用洗剤をティッシュペーパーにつけて、
用意した11枚の10円玉をこすって洗ってみた。

＞結果　少しきれいになったようだが、
すべての10円玉についている茶色のくすみはとれなかった。

実験2　**いろいろな調味料をぬって、10円玉がきれいになるかを調べた**

＞方法　(1) 10円玉6枚を用意し、
それぞれの片面半分に綿棒でA～Fの調味料をたらした。
A タバスコ　B ラー油　C しょう油　D ソース　E ケチャップ　F 食酢
(2) 5分後、ティッシュペーパーでこすらないように液体をふきとり、色の変化を調べた。

＞結果　次の写真のようになった。

A タバスコ

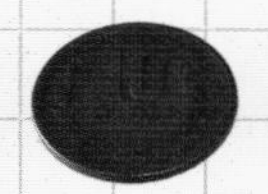
B ラー油

C しょう油

D ソース

E ケチャップ

F食酢

実験2の結果からわかったこと

ここで結果を書き出し、調味料にふくまれているものを調べてみた。すると、10円玉をきれいにしたものには、塩と酢が入っていた。食酢で完全にきれいにならなかったのは、塩がふくまれていなかったからではと考え、さらに実験してみることにした。

○＝きれいになった　△＝少しきれいになった
×＝変わらなかった

	結果	ふくまれているもの
タバスコ	○	酢　香辛料　塩
ラー油	×	植物油　唐がらし　香辛料
しょう油	○	大豆　麦　米　塩
ソース	○	野菜　果物　酢　塩
ケチャップ	○	トマト　酢　塩
食酢	△	酢

実験3 　**食酢と食塩で10円玉はきれいになるかを調べた**

＞方法　実験2と同じように、次のG～Kの液体を10円玉にたらして、変化を調べた。

G 食酢（原液）
H うすめた食酢（食酢を同量の水でうすめたもの）
I 食塩水（水50 mLに食塩小さじ1杯をとかしたもの）
J 食酢＋食塩（食酢大さじ1杯に食塩小さじ $\frac{1}{4}$ 杯をとかしたもの）
K うすめた食酢＋食塩（同量の水でうすめた食酢大さじ1杯に食塩小さじ $\frac{1}{4}$ 杯をとかしたもの）

＞結果　次の写真のような結果となった。

G 食酢

H うすめた食酢

I 食塩水

J 食酢＋食塩

K うすめた食酢＋食塩

まとめ

実験2では、10円玉をきれいにするには酢と塩が必要なことがわかった。実験3では、食酢だけの場合は濃いほうがややきれいになるが、食塩を加えたほうがよりピカピカになった。

○＝きれいになった　△＝少しきれいになった　×＝変わらなかった

調味料	結果
A　タバスコ	○
B　ラー油	×
C　しょう油	○
D　ソース	○
E　ケチャップ	○
F　食酢	△

液　体	結果
G 食酢	△
H うすめた食酢	×
I 食塩水	×
J 食酢＋食塩	○
K うすめた食酢＋食塩	○

（1）実験1の結果、10円玉の茶色い色はふつうのよごれではないことがわかった。調べてみるとこの茶色は「酸化」という現象によるもので、10円玉にふくまれる銅が空気中の酸素と結びついてできた膜だとわかった。

（2）実験を通して、食酢と食塩の両方がふくまれている液体に、10円玉をきれいにする力があることがわかった。ここで、食酢がふくまれていないしょう油が、どうして10円玉をきれいにすることができたのか疑問に思った。

さらに調べてみると、しょう油は乳酸などの酸もふくまれていることがわかった。食酢には酢酸という酸がふくまれているので、10円玉をきれいにしたのは酸と食塩の力なのだと思う。

サイエンスセミナー

10円玉の表面で起きていたこと

元々、10円玉は赤みがかった金色をしています。しかし、10円玉の主成分である銅が空気中の酸素と結びつくと、**「酸化」**が起こり、表面の銅は酸化銅という**酸化物**に変わります。10円玉が茶色くなるのはこのためです。鉄を空気にふれさせておくとさびる現象と同じ酸化です。タバスコをかけることでピカピカになるのは、タバスコにふくまれる酢が酸化銅をとかすからです。

酸には、酸化銅をとかすはたらきがあります。今回の実験では、食塩も10円玉をきれいにするのに関わっていることがわかりました。これは、食塩が酸化銅がとける化学反応を助けるはたらきをしたからです。

酸性とアルカリ性の液体で10円玉をきれいにする実験

酸性とアルカリ性がこの実験にどう関係しているか、
洗剤や漂白剤を使って調べます。

準備 10円玉、綿棒、石けん水、食酢、重そう水（50 mLの水に重そうを小さじ1杯加える）、酸素系漂白剤（洗濯用漂白剤）、塩素系漂白剤（台所用漂白剤）、トイレ用洗剤、pH試験紙など

方法
1）pH試験紙で、それぞれの液体の性質を調べる。
2）76ページの実験と同じように、10円玉に綿棒でそれぞれの液体を半面につけ、5分後にふきとる。

結果

液体	性質	結果
トイレ用洗剤	強い酸性	○
食酢	酸性	○
酸素系漂白剤	酸性	△
石けん水	弱いアルカリ性	×
重そう水	弱いアルカリ性	×
塩素系漂白剤	強いアルカリ性	黒くなった

○＝きれいになった
△＝少しきれいになった
×＝変わらなかった

ワンポイント！ ●洗濯物を白くする酸素系漂白剤（液体）は過酸化水素などをふくむ酸性の物質。一方、食器の茶しぶなどをとる台所用漂白剤は次亜塩素酸ナトリウムをふくむアルカリ性である。

漂白剤や強い洗剤のとりあつかいに注意！ 漂白剤や洗剤は他のものと混ぜないようにすること。直接手でさわらないようにし、皮ふや目につかないようにする。ついた場合はすぐに水で洗うこと！　また、十分に換気すること。

1円玉や5円玉をきれいにする実験

タバスコなどの調味料が、
10円玉以外の硬貨もきれいにすることができるかどうかを調べます。

準備 1円玉、5円玉、綿棒、タバスコや食酢などの調味料など

方法 10円玉の実験と同じように、綿棒で半面に液体をつけ、5分後にふきとる。

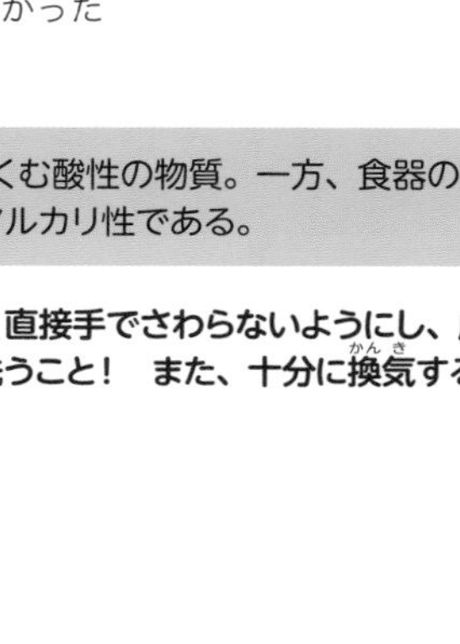

結果

	タバスコ	ラー油	ソース	食酢
1円玉	×	×	×	×
5円玉	○	×	○	△

○＝きれいになった　△＝少しきれいになった
×＝変わらなかった

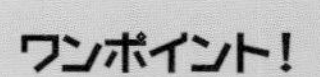

●1円玉はアルミニウム100％、5円玉は銅60～70％と亜鉛40～30％でできている。
●5円玉は10円玉と同じように銅を多くふくむので、きれいになったと考えられる。

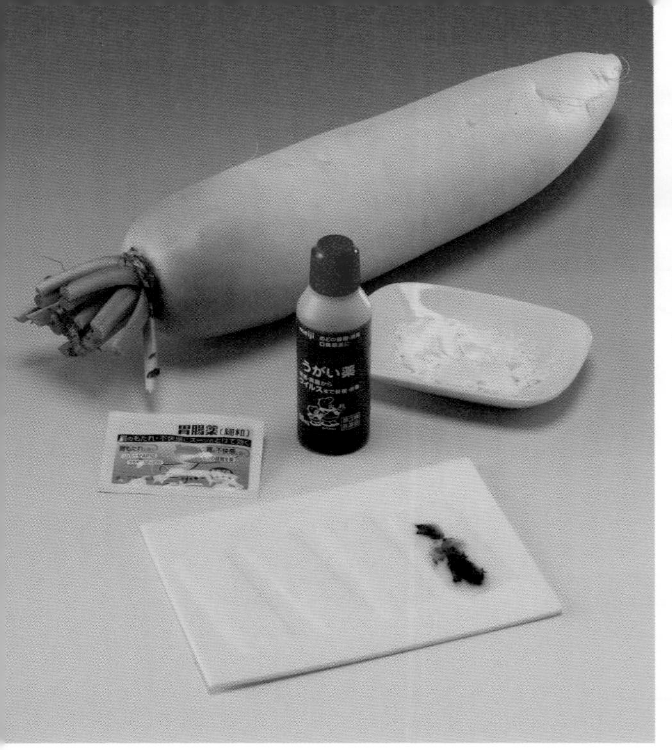

時間 2時間　難易度 ★★☆☆

酵素のはたらきの研究

【研究のきっかけになる事象】
だ液は、食物の消化に大きな役割をしている。そのはたらきは、だ液にふくまれている酵素によるものだ。

【実験のゴール】
酵素がどのようなはたらきをするのか、実験してみよう。

用意するもの
- かたくり粉
- ヨウ素液(うがい薬)
- だ液
- ダイコン
- ジアスターゼ入り胃腸薬
- 水
- コップ
- ストロー
- おろし器
- 皿
- キッチンペーパー(厚手)
- 割りばし
- なべ
- 計量スプーン
- 計量カップ　など

実験の手順 1 デンプンを分解する反応を確かめる

かたくり粉の主な成分はデンプンだよ。

胃腸薬の成分はメーカーによるけれど、「ジアスターゼ」の表記があれば問題ないよ。

キッチンペーパーは、油がこせるような厚みのあるものを使ってね。

1 **なべに水200 mLとかたくり粉(デンプン)大さじ1杯を入れて火にかけ、ねばりが出てきたら火を止めてそのまま冷ましておく。**

⚠注意 やけどに気をつけること。火を使うときは、十分に注意しよう。

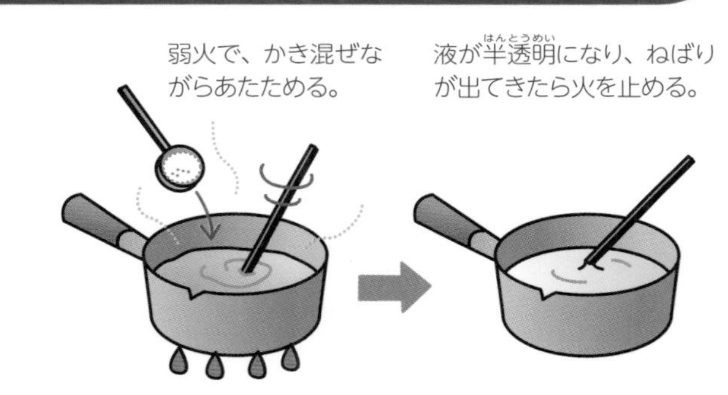

2 **デンプンに入れる材料を用意する。**

だ液

舌の下にストローを差し入れ、コップで受ける。

ダイコンの汁

おろし器でおろしたら、キッチンペーパーで液をこしておく。

胃腸薬

水 50 mL に $\frac{1}{2}$ 袋（約 0.6 g）をとかしておく。

水

比較するために用意する。

＊1㎝^{3}＝1mL＝1cc　小さじ＝5 mL＝5 cc＝5 ㎝^{3}　大さじ＝15 mL＝15 cc＝15 ㎝^{3}

3 熱したかたくり粉の液が室温程度に冷めたところで、4つの小皿に大さじ1杯ずつ入れる。そこに用意しただ液などの材料を小さじ1杯ずつ入れてかき混ぜ、反応を確かめる。

小皿は、プリンのカップ容器などを利用してもいいよ。

かき混ぜたら、指でさわって確かめるとよくわかるよ。

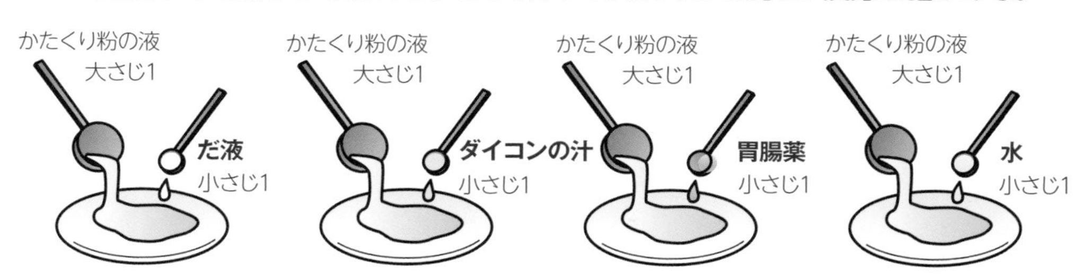

2 デンプンが分解されたことを確かめる

1 なべに水200 mLとかたくり粉小さじ1杯を入れて火にかけ、ねばりが出てきたら火を止める。

2 長方形に切ったキッチンペーパーを数枚用意し、かたくり粉の液の中にひたす。なべはそのまま冷ましておく。

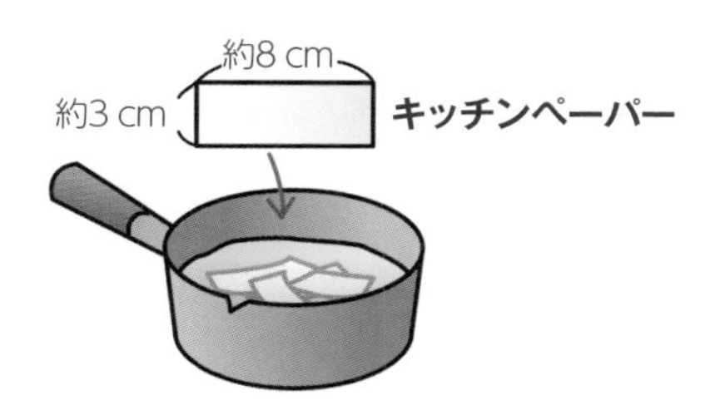

3 うがい薬を水で約80倍にうすめたヨウ素液をつくる。

「80倍にうすめる」とはうがい薬と水を体積比1:79で混ぜることだよ。

ヨウ素液は濃すぎると色がわからなくなる。

4 なべからキッチンペーパーを4枚とり出して、別々の皿の上に並べ、だ液などの材料をたらす。

小さじ $\frac{1}{2}$ 程度広がるようにたらす。

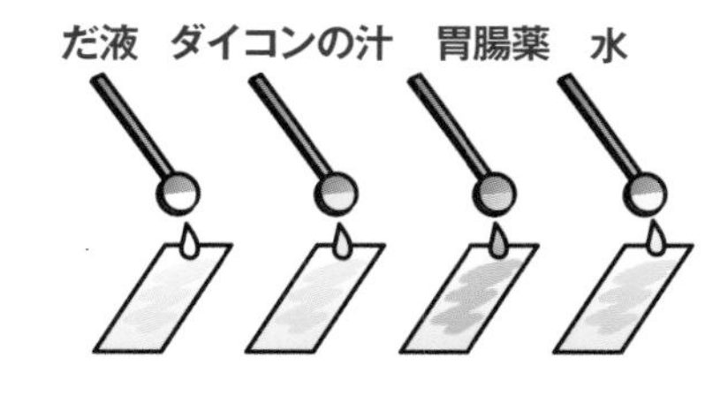

5 材料をぬったキッチンペーパーに、ストローでヨウ素液をたらして反応を見る。

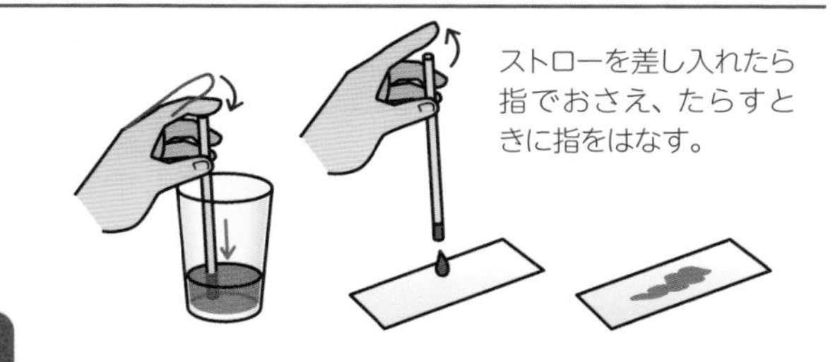

実験の注意とポイント

●酵素は温度によって、反応の強さや速さが変わるよ。また材料の状態によっても反応の強さが変わるので、いつも同じ結果が出るとは限らないんだ。

レポートの実例

このレポートはひとつの例です。
実際には、自分で行った実験の結果や考察を書きましょう。

酵素のはたらきの研究

○年○組　○○○○

研究の動機と目的

ごはんをかんでいると、だんだん甘(あま)くなってくる。これはだ液の中の酵素によって米のデンプンが分解され、糖になったのだと聞いた。酵素というのはどういうものなのか、ダイコンや酵素が入っている胃腸薬などを使って実験してみた。

＊デンプン（かたくり粉）　＊ダイコン　＊ジアスターゼ入り胃腸薬　＊だ液
＊水　＊割りばし　＊コップ　＊ストロー　＊ヨウ素入りうがい薬　＊皿
＊キッチンペーパー　＊計量スプーン　＊計量カップ　＊なべ　＊おろし器

実験1　**デンプンのりにデンプンを分解すると考えたものを入れて、変化のようすを調べた**

＞方法

（1）水200 mLにかたくり粉大さじ1杯を入れてあたため、のり状にしたA液をつくり、室内で冷ましておいた。

（2）A液に入れるものを次のように用意した。

だ液
舌の下にストローを入れて集めた。

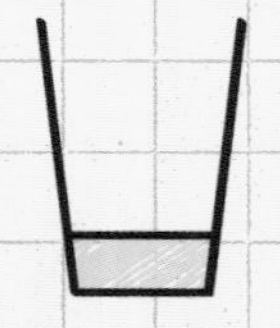

ダイコンの汁
おろして、こし、汁だけを集めた。

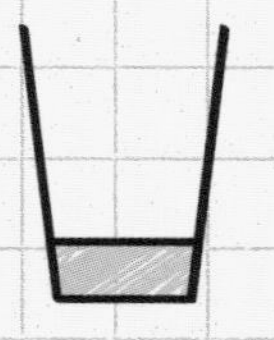

胃腸薬
水 50 mL に$\frac{1}{2}$袋（約 0.6 g）をとかした。

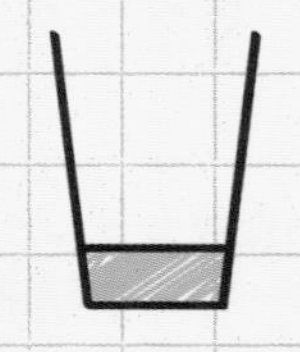

水
比較用として用意した。

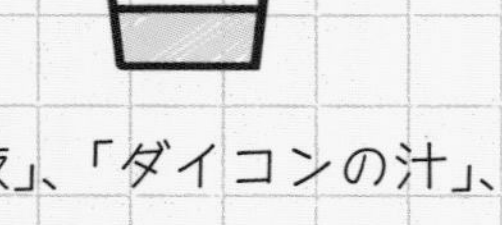

（3）A 液を大さじ1杯とった皿を4つ用意し、それぞれに「だ液」、「ダイコンの汁」、「胃腸薬」、「水」を小さじ1杯程度入れて混ぜ、ようすを見た。

＞結果

・だ液と胃腸薬を入れたA 液は、ほとんど水のようにねばりがなくなった。
・ダイコンの汁を入れたA 液は、ねばりが弱くなった。
・水を入れたA 液は、いくらかやわらかくなったがあまり変わらなかった。

実験2 **デンプンが分解されたかどうかを調べた。**

＞方法

(1) 水200 mLにかたくり粉小さじ1杯を入れてあたため、ゆるくのり状にしたB液をつくった。

(2) 8 cm×3 cm 程度の長方形に切ったキッチンペーパーを数枚用意し、B液の中にひたして、冷ましておいた。

(3) B液からとり出したキッチンペーパーをそれぞれ別の皿の上に乗せた。実験1でつくった、だ液などの材料を小さじ$\frac{1}{2}$杯程度とって、ペーパーに広がるようにかけた。

(4) うがい薬を水で80倍にうすめたヨウ素液を、それぞれのキッチンペーパーの上にストローでたらして、ようすを見た。

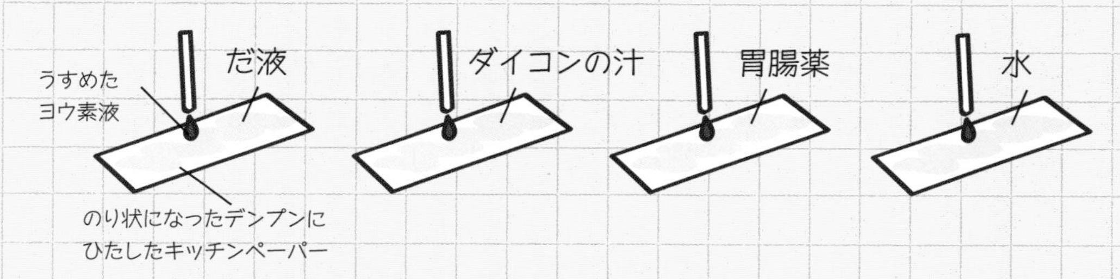

＞結果

・だ液…たらした瞬間(しゅんかん)、ヨウ素液の茶色が消えた。
・ダイコンの汁…茶色からすぐに少しだけ青色になり、1分ほどで色が消えた。
・胃腸薬…少し青色になり、1分ほどで色がうすくなった。
・水…青紫色(あおむらさき)のまま変わらなかった。

まとめ

・だ液、ダイコンの汁、胃腸薬には、デンプンを分解する酵素がふくまれていることがわかった。
・だ液は胃腸薬やダイコンの汁よりもデンプンを分解する時間が短く、酵素のはたらき方には差があることがわかった。

デンプンに対する反応

	実験1 デンプンのねばり	実験2 ヨウ素液の反応
だ液	ねばりがなくなった。	たらした瞬間、ヨウ素液の茶色が消えた。
ダイコンの汁	ねばりが弱くなった。	茶色からすぐに少しだけ青色になり、1分ほどで色が消えた。
胃腸薬	ねばりがなくなった。	少し青色になり、1分ほどで色がうすくなった。
水	ねばりは残った。	青紫色のまま変わらなかった。

サイエンスセミナー

酵素とは

生物のからだの中にあって、化学反応をはやめるはたらきがあるタンパク質を「**酵素**」といいます。酵素は、呼吸や運動など、動物が活動している間中休みなくはたらき続けています。

酵素にはいろいろな種類があり、はたらく相手が決まっています。カギとカギ穴のように、ぴったり形の合うものに出会ったときにだけはたらくのです。例えば、わたしたちの胃の中ではたらく「ペプシン」という酵素はタンパク質を分解し、すい臓から出される「リパーゼ」という酵素は、脂肪を分解します。だ液の中にある「アミラーゼ」という酵素は、デンプンを「**麦芽糖**」などに分解します。

このアミラーゼは、初めて発見された酵素で、ダイコンやカブなどの中にもふくまれています。そして、今回実験に使った胃腸薬は、このアミラーゼを利用してつくられたものです。

また、68ページにもあるように、パイナップルにはタンパク質を分解するブロメラインという酵素がふくまれています。ゼラチンを使ってパイナップルのゼリーをつくろうとしても、なかなか固まらないという経験はないでしょうか。ゼラチンは、主にウシやブタなどのタンパク質からつくられています。そのタンパク質を分解するブロメラインがはたらいてしまうため、ゼリーが固まらないというわけです。

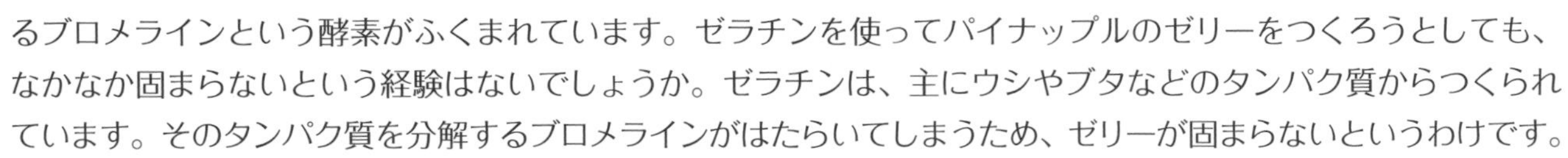

デンプンの変化

ジャガイモを切ると、包丁に白い粉がつきます。これがデンプンです。デンプンはイモ類や米、豆類などに多くふくまれていて、実験で使った「かたくり粉」の成分は主にジャガイモからつくられたデンプンです。

デンプンは水に入れても、しずむだけでとけません。ところが、熱を加えると、半透明のゼリーのようなねばりのあるものに変わっていきます。これはとけたのではなく、デンプンの大きな分子のすき間に水の分子が組みこまれてふくらんでいる状態なのです。のり状になるこの現象を「**糊化**」といいます。

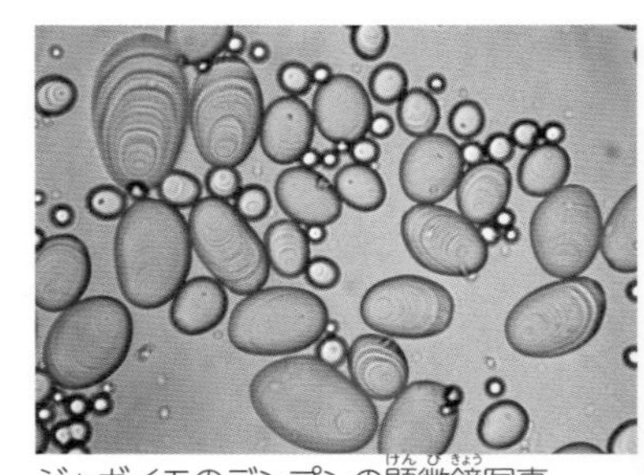

ジャガイモのデンプンの顕微鏡写真

タンパク質を分解する酵素の研究

パイナップルにはタンパク質を分解する酵素がふくまれていることがよく知られています。タンパク質を多くふくむはんぺんを使って、調べてみましょう。

準備　はんぺん、生のパイナップル、キウイフルーツ、ダイコン、ジアスターゼ入り胃腸薬、水、プラスチックコップ10 個、ラップフィルム、割りばし、おろし器、キッチンペーパー（厚手）、温度計

方法　1）酵素の効果を試す液体を以下のように用意する。

パイナップル

しぼって果汁をとる。

キウイフルーツ

すりおろして、キッチンペーパーでこす。

ダイコンの汁

すりおろして、キッチンペーパーでこす。

胃腸薬

水50 mLに $\frac{1}{2}$ 袋をとかしておく。

水

比較するために用意する。

2）2 cm 角程度の大きさに切ったはんぺんを10個用意する。
3）5つのプラスチックコップに、用意した液体をそれぞれ大さじ2杯ずつ入れる。
4）さらに、それぞれのコップに2）で用意したはんぺんを1つずつ入れる。
5）4）の状態にしたものをもう1組つくる。
6）すべてのプラスチックコップにラップフィルムをかける。1組5個を冷蔵庫に入れ、残りの1組は室内に置く。
7）はんぺんのようすを12時間後、24時間後、48時間後など、時間を区切って2日程度観察する。

結果　パイナップルやキウイフルーツを入れたはんぺんは、ダイコンの汁や胃腸薬よりも分解が強い結果となる。また、温度が高いところのほうが分解がはやく進む。また、ダイコンの汁や胃腸薬にもタンパク質を分解する酵素がふくまれていることがわかる。

<はんぺんの変化>　約22 ℃の室内

	パイナップル	キウイフルーツ	ダイコンの汁	胃腸薬	水
12時間後	周りから泡が出ている。	周りから泡が出ている。	周りがやわらかくなっている。	周りから泡が出ている。	変化なし。
24時間後	周りがとけて、小さくなった。	周りがとけて、小さくなった。	周りが少しとけてきた。	周りがとけて、少し小さくなった。	変化なし。

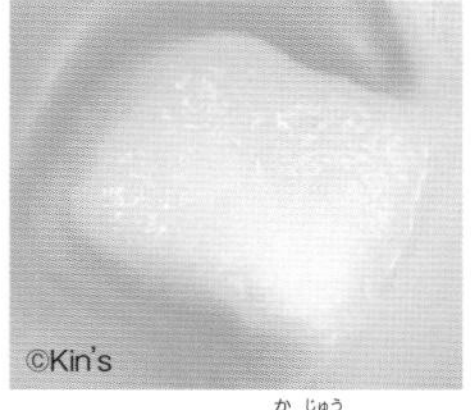

パイナップル果汁につけたはんぺん（室内）の24時間後のようす。
周りがとけて角がとれている。

<はんぺんの変化>　約4 ℃の冷蔵庫内

	パイナップル	キウイフルーツ	ダイコンの汁	胃腸薬	水
12時間後	周りがやわらかくなっている。	周りがやわらかくなっている。	変化なし。	周りがやわらかくなっている。	変化なし。
24時間後	周りが少しとけている。	周りが少しとけている。	周りがやわらかくなっている。	周りが少しとけている。	変化なし。

ワンポイント！
- 高温の場所では腐敗しやすいので、夏期の実験は、1 日程度の観察で十分と思われる。
- 温度や食品の状態などによって、結果は変わってくる。

時間 2時間　難易度 ★☆☆☆

牛乳を固めるものは何?

【研究のきっかけになる事象】
牛乳につぶしたイチゴやレモンを混ぜると、どろどろとして小さな固まりのようなものができる。

【実験のゴール】
液体が固まって固体へと変化する凝固(凝集)がどうして起こるのか、調べてみよう。

用意するもの
▶牛乳(成分無調整)　▶レモン　▶砂糖　▶食塩
▶重そう　▶食酢　▶オレンジ　▶水　▶計量スプーン
▶割りばし　▶計量カップ　▶透明なコップ(6個)
▶pH試験紙(万能試験紙)

実験の手順 1　牛乳にレモン果汁を混ぜて、固まるかどうかを確かめる

レモンの粒が入らないようにガーゼでこすのもおすすめだよ。

1 レモンをしぼり、その果汁をコップにとっておく。

2 別のコップに大さじ3杯の牛乳を入れ、そこにレモン果汁大さじ3杯を少しずつ加えて、割りばしで混ぜる。

この実験の「固まる」というのは、粒ができたり、沈殿したりすることだよ。

必ず「成分無調整」の牛乳を使ってね。

凝固した状態の例

コップをかたむけて内側を見ると、粒のような固まりが見え、しばらくすると、沈殿しているのがわかる。

　＊1 cm^3＝1 mL＝1 cc　小さじ＝5 mL＝5 cc＝5 cm^3　大さじ＝15 mL＝15 cc＝15 cm^3

2 どんなものが牛乳を固めるのかを調べる

重そうはスーパーの菓子材料売り場や薬局などで購入できるよ。

重そうは「炭酸水素ナトリウム」のこと。料理や薬品、入浴剤などにも使われているんだ。

1 **砂糖水、食塩水、重そう、食酢、オレンジの果汁などを用意する。**

砂糖水

水に砂糖をとけるだけとかし、その上澄み液を使う。

食塩水

水に食塩をとけるだけとかし、その上澄み液を使う。

重そう水

水50 mLに小さじ $\frac{1}{2}$ 杯の重そうを入れてとかす。

食酢

食酢の原液をそのまま使う。

オレンジ果汁

オレンジをしぼった汁。

さじや容器は、使い回さないこと！

2 **別のコップに大さじ3杯の牛乳を入れる。そこに用意した液体を大さじ3杯とり、少しずつ牛乳に加えてかき混ぜながら、固まりぐあいを見る。**

少しずつ混ぜる。

3 **しばらく放置し、上澄みができているかどうか観察する。**

コップを横から見て、沈んでいる部分と上澄みに分かれているかどうかを確認する。

3 牛乳を固めたものの性質を調べる

pH試験紙は、インターネットショップで売っているよ。ホームセンターや園芸用品店に置いてある場合もあるよ。

1 **実験の手順1で用意したレモン果汁、実験の手順2で用意した砂糖水、食塩水、重そう水、食酢、オレンジ果汁をpH試験紙で調べ、それぞれのpHの値を書き出す。**

pH試験紙

実験の注意とポイント

- ●牛乳は「成分無調整」と書いてあるものを使おう。低脂肪乳などは固まりにくいよ。
- ●この実験の凝固はゼリーのように全体が固まるわけではないよ。コップをかたむけて、粒状の固まりを観察しよう。

レポートの実例

このレポートはひとつの例です。
実際には、自分で行った実験の結果や考察を書きましょう。

牛乳を固めるものの研究

○年○組　○○○○

研究の動機と目的

牛乳にレモンを入れたらどろどろとした感じになった。イチゴに牛乳を入れたときにもこのような状態になったことがある。調べてみるとこれは「凝固（ぎょうこ）」という反応らしい。どのようなもので牛乳が凝固するか調べてみることにした。

準備したもの

＊牛乳（成分無調整のもの）　＊レモン　＊砂糖　＊食塩　＊重そう　＊食酢（しょくす）
＊オレンジ　＊透明（とうめい）なコップ　＊計量スプーン　＊割りばし　＊pH（ピーエイチ）試験紙
＊水　＊計量カップ

実験1　牛乳とレモン果汁を混ぜて固まりぐあいを調べた

＞方法

（1）レモンをしぼり、果汁（かじゅう）をつくった。
（2）コップに大さじ3杯（ばい）の牛乳を入れた。そこに、レモン果汁大さじ3杯を少しずつ入れて割りばしでかき混ぜ、牛乳のようすを観察した。

＞結果

牛乳がどろどろとした感じになった。コップをかたむけると、粒（つぶ）のようなものができているのがわかった。1時間ほど置いておくと、透明な上澄み（うわず）ができているのがわかった。

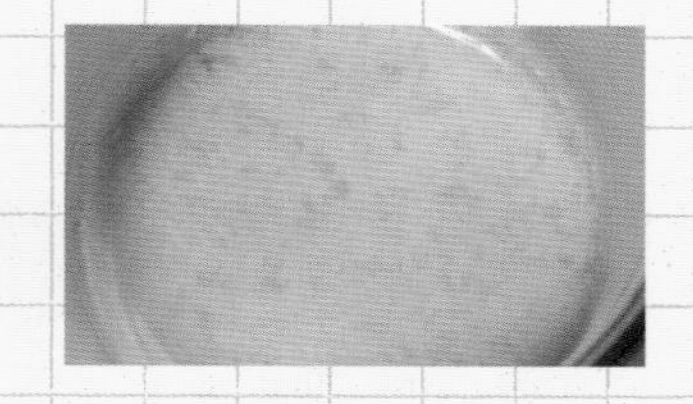

実験2　いろいろな味のものを牛乳に入れて調べた

＞方法

（1）レモンと同じすっぱいものとして食酢とオレンジ果汁、その他に砂糖水、食塩水、重そうをとかした水の5つを用意した。

砂糖水

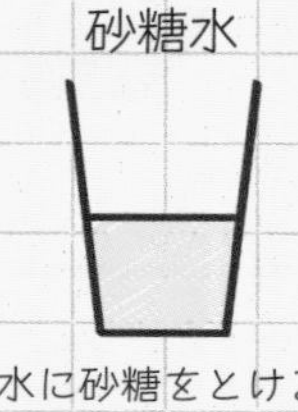

水に砂糖をとけるだけとかし、その上澄み液を使う。

食塩水

水に食塩をとけるだけとかし、その上澄み液を使う。

重そう水

水50 mLに小さじ$\frac{1}{2}$杯の重そうを入れてとかした。

食酢

食酢の原液をそのまま使う。

オレンジ果汁

オレンジをしぼった汁。

(2) 大さじ3杯の牛乳を入れたコップを5つ用意し、つくった液大さじ3杯分をそれぞれ少しずつ入れてかき混ぜ、どうなるか調べた。

＞結果

入れたもの	砂糖水	食塩水	重そう水	食酢	オレンジ	レモン
凝固	×	×	×	○	△	○

○＝大きい粒ができた　△＝小さい粒ができた　×＝変化なし

食酢を入れたものは、大きめの粒、オレンジ果汁を入れたものは小さな粒ができていた。

実験3　実験材料のpHを調べた

牛乳を固まらせたのは酸性のものの可能性が高いことから、pH試験紙を使って、材料のpHを調べることにした。

＞方法　pH試験紙に実験2でつくったそれぞれの液とレモン果汁をつけてpHの値を調べた。

＞結果

入れたもの	砂糖水	食塩水	重そう水	食酢	オレンジ	レモン
pHの値	7	7	8	2	5	2

まとめと考察

牛乳には「酸」によって凝固する性質があることがわかった。特に調べた中で最も酸性の強いpH2の食酢やレモン果汁ではよく固まった。

牛乳の凝固は、全体が固まるのではなく、一部の成分が固まっているようだ。

調べてみると、牛乳にふくまれている「カゼイン」というタンパク質が、酸によって性質が変化して固まることがわかった。pHの値が4.6以下になると固まり始めるということだ。

サイエンスセミナー

牛乳の成分

牛乳はウシからしぼった生乳を殺菌したものです。これが**「成分無調整」**の牛乳で、低脂肪乳などのように脂肪分を一部除去したり、水分を少なくしたりしたものは調整した牛乳になります。ここで行う実験では無調整のものを使います。

牛乳の成分は大きく**乳固形分**と**水分**に分けられます。さらに乳固形分は乳脂肪分と無脂乳固形分からなり、その無脂乳固形分にはタンパク質やビタミン、炭水化物などの栄養分がふくまれています。

牛乳のタンパク質

牛乳のタンパク質には、**カゼインタンパク質**と**ホエータンパク質**があります。カゼインタンパク質はpHが4.6以下になると固まる性質があるのです。カゼインが固まって沈殿すると上澄みに透明な液体ができます。これは乳清（ホエー）といって、ホエータンパク質、ビタミン、ミネラルなどを多くふくむ栄養価の高い部分です。牛乳をあたためたときにできる膜はこのホエータンパク質が変化したものです。

赤ちゃんはミルクを飲んで育ちますが、ミルクは胃の中に入ると、胃酸や酵素のはたらきで固まります。固まりになることは、流されやすい栄養がゆっくり吸収されるのに都合がよいのです。

カッテージチーズは、ホエーを除いて、カゼインを酸と熱で固めた発酵させないチーズです。

牛乳をこのカッテージチーズの状態にしてつくるプラスチックがあります。「**カゼインプラスチック**」（カゼイン樹脂）といって、ボタンや印鑑、ピアノの鍵盤などに利用されています。

93ページの実験とちがって、実際の工場では、カゼインをレンニンという凝乳酵素（乳を凝固させるはたらきをもつ酵素）を用いてカッテージチーズの状態にしたものから水分を除き、さらにホルマリン液につけこんで凝固させます。

カゼインプラスチックは19世紀の終わりに発明され、石油製品が普及する以前は、ボタンなどに多く利用された。

カッテージチーズをつくる実験

牛乳は酸や熱によって固まります。この性質を利用し、どのような条件でチーズができるか実験します。

準備 牛乳400 mL、レモン果汁100 mL、温度計、耐熱容器、電子レンジ、ボウル2個、へら、ふきん、紙コップ、水など

方法

1) 4つの紙コップの100 mLの位置に、あらかじめ印をつけておく。
2) 牛乳400 mLを耐熱容器に入れ、電子レンジで80 ℃以上になるまで加熱する。紙コップ1つに100 mLを注ぐ。
3) その温度をはかり、80 ℃まで下がったら、レモン果汁25 mLを入れ、へらで軽くかき混ぜて固まりぐあいを見る。
4) 同じように他の紙コップに牛乳を100 mLずつ入れ、それぞれ温度が60 ℃、40 ℃、20 ℃となったところで、レモン果汁を注いでかき混ぜる。
5) 10分ほどしたら、それぞれの紙コップの中身を別々のボウルの中に広げたふきんにあける。
6) ふきんを軽くしぼり、水を入れたボウルの中でふり洗いし、何度か水を変えてくり返してから軽くしぼる。

結果 牛乳の温度が40 ℃以下ではうまくチーズにならない。60 ℃にあたためた牛乳でつくったものが弾力のある固まりになる。

ワンポイント！
- 紙コップに入れた牛乳の温度が下がりすぎたら、もう一度加熱する。
- ふきんのかわりに厚手のキッチンペーパーでこしてもよいが、水ですすぐときにやぶれないように気をつける。

カゼインプラスチックをつくってみよう

牛乳からつくったカッテージチーズを使って、「カゼインプラスチック」をつくってみましょう。

準備 牛乳400 mL、レモン果汁（または食酢）100 mL、温度計、ボウル2個、へら、ふきん、水、耐熱容器、キッチンペーパー、電子レンジなど

方法

1) 上の実験のように、あたためた牛乳とレモン汁（または食酢）でカッテージチーズをつくる。
2) できたチーズをキッチンペーパーなどに包んで十分に水分をとる。
3) ねんど細工のように形をつくり、キッチンペーパーなどにはさんで1日乾燥させる。
4) 耐熱容器につくったものを入れ、電子レンジで1分加熱してはようすを見る。完全にかたくなるまでこれを繰り返す（4～6回程度）。

マーカーで色をつけることもできる。

ワンポイント！
- 数日間、自然乾燥させてもつくることができる。
- 電子レンジでは、一度に長い時間加熱するとこげる。必ず、数回に分けて加熱する。

時間 4時間　難易度 ★☆☆☆

氷のとけ方の研究

【研究のきっかけになる事象】

凍った食品を持ち帰るのに、包むなどしてとけないように工夫をする。また、雪が降ったときは、氷がはやくとけるように融雪剤をまく。

【実験のゴール】

できるだけ氷をとかさないようにするにはどんな方法があるか、凍結した道路ではやく氷をとかすものは何か、調べてみよう。

用意するもの

▶氷　▶プラスチックの容器　▶ピンセット　▶新聞紙　▶ビニル袋　▶アルミニウムはく　▶保冷用袋　▶発泡スチロールの箱　▶かたくり粉　▶布　▶計量スプーン　▶砂糖　▶食塩　▶尿素　▶タイマー　▶キッチンペーパー　▶はかり　など

実験の手順 1 氷を包んで長持ちさせる材料を調べる

1 プリンなどのプラスチックの容器を6個用意し、それぞれに大さじ1杯の水を入れて、冷凍庫で凍らせる。

プリンなどの容器は、必ず同じ形のものを使うよ。

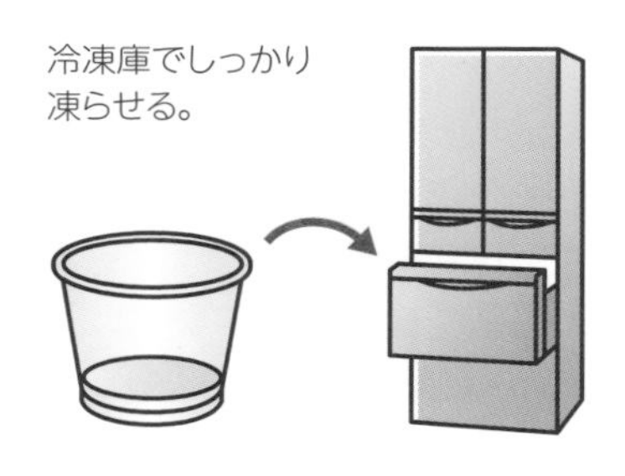

2 新聞紙、ビニル袋、布、アルミニウムはく、保冷用袋を用意する。水が凍った容器6個を取り出し、そのうちの5個をそれぞれの素材で包む。1個は包まないでおく。

実験を開始するときには室温をはかっておくのも忘れないようにね。

保冷用袋は、発泡材の外側に銀色のアルミニウム製のシートがはってあるような製品で、シート状のものでもいいよ。

新聞紙1枚

ビニル袋

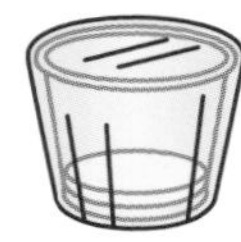

布

アルミニウムはく

保冷用袋

なし

カップをすぐに包めるように、それぞれ準備しておく。

＊1 cm^3＝1 mL＝1 cc　小さじ＝5 mL＝5 cc＝5 cm^3　大さじ＝15 mL＝15 cc＝15 cm^3

室温によって、とけ方はちがうよ。30分ほどようすを見て、設定時間を決めよう。

キッチンタイマーなどがあれば、設定時間を忘れないで置いておけるね。

3 6個の容器を同じ場所に置き、包んでいない氷がとけるようすを見て、とけた量をはかる時刻を決める。

4 決めた時刻になったら、ピンセットでそれぞれの容器の中の氷だけを捨てて質量をはかり、容器の質量を引いて氷のとけた量を記録する。

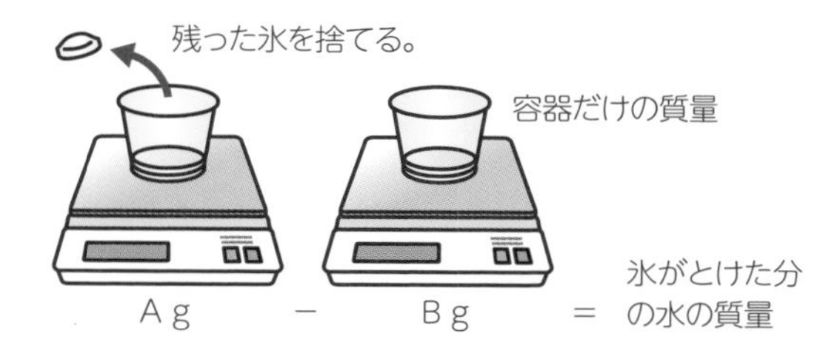

5 同じ実験を3回繰り返し、とけて水になった分の質量の平均を出す。

2 氷をはやくとかす材料を調べる

尿素は融雪剤にも使われている成分で、肌荒れに効果があるとして化粧品などにも使われているよ。薬局で買うことができるよ。

1 製氷ケースの1マスごとに、同じ量の水を入れ、同じ大きさの氷を15 個つくる。食塩、砂糖、かたくり粉、尿素を用意しておく。

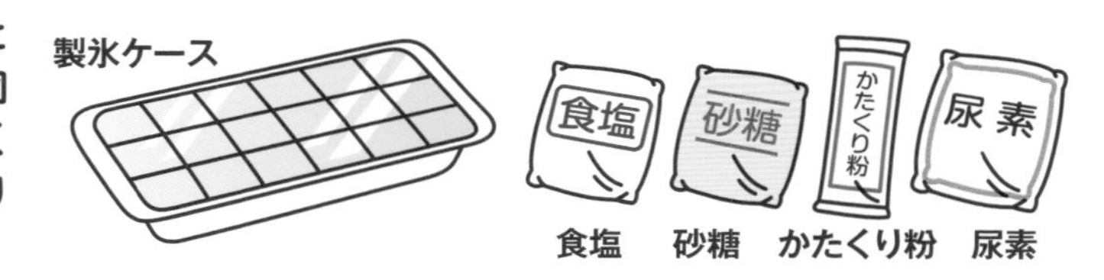

実験に使う氷は、同じ条件でつくることが大切なので、凍らせる時間は一定にしよう。

最初は、30分おきくらいにようすを見よう。氷が小さくなったらこまめに見て、とけ終わる時間を確認しよう。

2 発泡スチロールの箱の底にキッチンペーパーをしき、図のように氷を並べる。そのうち4 列については用意した材料の粉を列ごとに、氷1個につき小さじ1杯ふりかける。残りの1列には何もふりかけない。

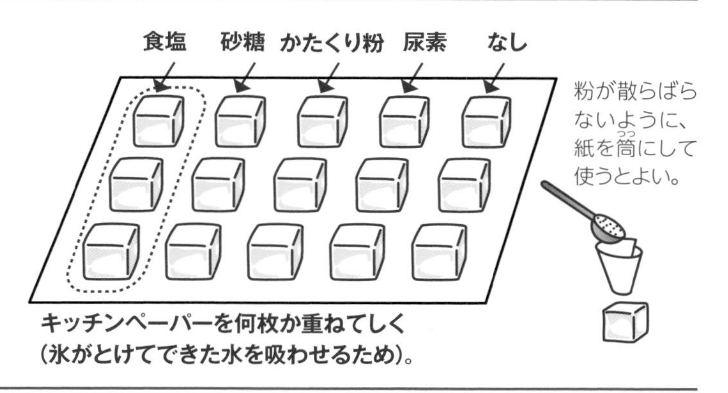

3 30分ごとに観察し、とけ終わるまでの時間をはかる。

実験の注意とポイント

●あらかじめ、97ページにある表をつくっておくと便利だよ。
●融雪剤は、気温の低い地方で、積もった雪をとかしたり、道路が凍りつくのを防いだりするために使われているよ。融雪剤の成分としては、塩化カルシウムや塩化ナトリウム、塩化マグネシウム、尿素などがあるんだ。塩化カルシウムなどを多く使うと、道路や植物に害が出るという報告もあるよ。

レポートの実例

このレポートはひとつの例です。
実際には、自分で行った実験の結果や考察を書きましょう。

氷のとけ方の研究

○年○組　○○○○

研究の動機と目的

アイスキャンディーを持って帰るのに何で包んだら、あまりとかさずにすむだろうか。
また、氷に混ぜて温度を下げるときに塩を使うが、雪をとかすときにも使われるという。
氷がどのようなときにはやくとけるのか、実験してみることにした。

＊氷　＊プラスチック容器　＊ピンセット　＊新聞紙　＊ビニル袋(ふくろ)　＊保冷用袋
＊アルミニウムはく　＊布　＊発泡(はっぽう)スチロールの箱　＊計量スプーン
＊かたくり粉　＊砂糖　＊食塩　＊尿素(にょうそ)　＊キッチンペーパー　＊タイマー
＊はかり　など

実験１　氷を入れた容器を包むものでとけ方がどうちがうか調べた

＞方法

（1）6個のプリンのプラスチック容器に大さじ1杯（15 mL）の水を入れ、質量と大きさが等しい氷をつくった。

（2）容器のうち5個を次のような素材のもので包み、残りの1個は何も包まずに同じ場所に置いた。

凍らせて
包む。

新聞紙1枚　ビニル袋　布(ふきん)

アルミニウムはく　保冷用袋　なし

（3）30分後、包まなかった容器の中の氷のとけ方を観察した。1時間後にそれぞれの容器から残っていた氷を取り除き、容器に入っている氷がとけて水になった量をはかった。

（4）同様の実験を、さらに2回行った。

＞結果　次の表のような結果となった。

室温24 ℃の部屋で実験　　　　平均値は小数第2位で四捨五入したもの

包んだもの	氷がとけて水になった量〔g〕			
	1回目	2回目	3回目	平均値
新聞紙	7	6	5	6.0
ビニル袋	9	8	7	8.0
布（ふきん）	8	6	6	6.7
アルミニウムはく	11	11	9	10.3
保冷用袋	4	3	3	3.3
なし	13	14	11	12.7

実験2　氷に粉をふりかけるととけ方がどうちがうか調べた

＞方法
(1) 融雪剤(ゆうせつざい)として使われている食塩、尿素と、砂糖、かたくり粉を用意した。
(2) 製氷ケースで同じ大きさの氷を15個つくっておいた。発泡スチロールの箱に水を吸わせるためにキッチンペーパーをしき、その上に氷を3個1組として5列並べた。
(3) 各列3個ごとに用意した粉をかけ、1列は何もかけないでとけ方を観察し、とけるまでの時間をはかった。
(4) 各列についてのとける時間の平均を出した。

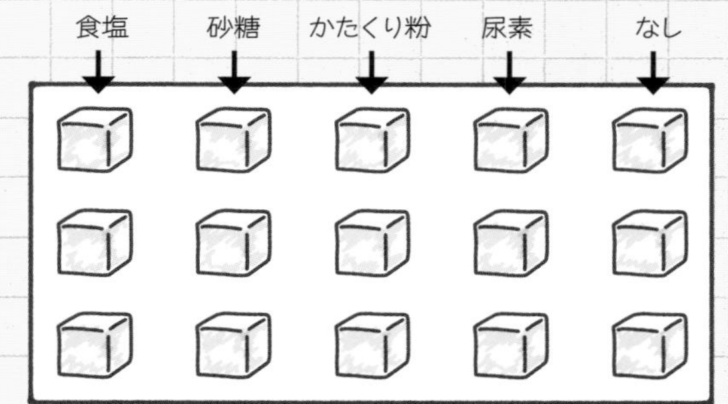

＞結果　次の表のようになった。

順位	かけた粉	とけ終わった時間	気づいたこと
1	食塩	2 時間	粒(つぶ)がついたところに穴があくように、とけていった。氷の表面はぎざぎざになった。
2	尿素	2 時間5分	
3	かたくり粉	2 時間15 分	氷の角が丸みを帯びてとけていき、氷の表面はなめらかだった。
4	砂糖	2時間25分	
5	なし	2時間25 分	

まとめと考察

・包んだものの中で、最も氷がとけやすいのは、アルミニウムはくだった。また、最もとけにくいのは保冷用袋で、次は新聞紙、その次は布だった。
・新聞紙と布は、熱を伝えにくく、保冷に優れているといえると思う。
・保冷用袋は外側の銀色のアルミニウムの部分で熱や光をさえぎり、内側の発泡材で断熱しているようだ。日の当たる場所で保冷するには、光をさえぎることが大きな要素になってくると思う。
・氷に粉状のものをかけたほうが氷をはやくとかすことがわかった。
・食塩や尿素は氷をはやくとかすことがわかった。
・食塩や尿素をかけた氷は表面がぎざぎざになったことも、氷がはやくとける要因であるように思う。

サイエンスセミナー

食塩水のとけ方と融雪剤

水も氷も、水素2個と酸素1個の原子が結びついたH_2Oという分子からできています。この分子がバラバラに動き回っている状態が液体の水です。ところが液体の水から熱がうばわれると、分子どうしががっちり結びついて動き回ることができない状態になります。これが固体になった水、つまり氷です。

さて、水は温度が0℃になると凍り始めますが、食塩を混ぜた水の場合は、凍り始める温度（凝固点）が0℃よりも低くなります。なぜそうなるかというと、食塩（実際にはナトリウムイオン（Na^+）と塩化物イオン（Cl^-））が、水の分子ががっちり結びつくのをじゃましようとするからなのです。

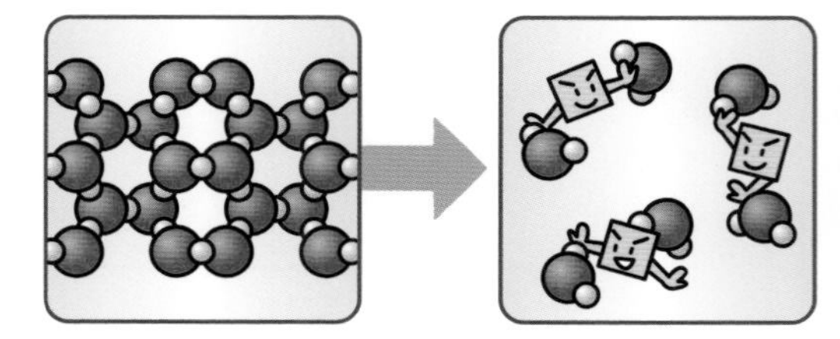

例えば、砂糖を水にとかした場合でも、凝固点はやはり0℃よりも低くなります。

以上より、次のことがわかります。氷に食塩をまくと凝固点が下がるので、温度が低いまま氷がとけて水になります。すると、食塩が、とけた水にとけていきます（溶解）。これが融雪剤のしくみです。

水溶液の濃度ととけ方

砂糖水や食塩水で氷をつくると、とけ方はどうちがうでしょうか。濃度を変えて実験してみましょう。

準備 砂糖、食塩、水、プリンなどのカップ、はかり、冷凍庫　など

方法 1）水溶液を次のような濃度でつくる。

濃度5%の食塩水	濃度10%の食塩水	濃度5%の砂糖水	濃度10%の砂糖水	濃度20%の砂糖水
食塩10 g ＋ 水190 g	食塩10 g ＋ 水90 g	砂糖10 g ＋ 水190 g	砂糖10 g ＋ 水90 g	砂糖20 g ＋ 水80 g

2）カップを6個用意し、1）でつくった5種類の水溶液20 gずつと水20 gをそれぞれのカップに入れて凍らせる。
3）完全に凍ったら、同じ場所に置いて、とけ終わるまでの時間をはかって記録する。
3回凍らせて、とけるまでの平均時間を出す。

結果 食塩水や砂糖水でつくった氷は、水だけでつくった氷よりもとけやすく、濃度が高いほどとけやすい。また、砂糖水より食塩水のほうがとけやすい。

ワンポイント！
●液体が凍り始める「凝固点」に対し、固体がとけ始める温度を「融点」という。一般に、ある物質の「凝固点」と「融点」は同じ温度である。水に食塩や砂糖などの不純物を混ぜると、その液体の凝固点は、純粋な水よりも低くなる。

食塩水の濃度と凍り始める時間

食塩水が凍るまでの時間を、濃度を変えて実験してみましょう。

準備 試験管、ボウル、コップ、氷、食塩、水、はかり、スポイト、割りばし、ストップウォッチ　など

方法 1）濃度6%（水94 gに食塩6 g）、濃度4%（水96 gに食塩4 g）、濃度2%（水98 gに食塩2 g）の食塩水を用意する。
2）右の図のように試験管の中の食塩水を凍らせる装置をつくる。
3）試験管にスポイトで2 mLの食塩水を入れ、凍り始めるまでの時間をはかる。このとき、一定の速さで割りばしを上下させる（これは、凝固点以下の温度でも液体のままでいる過冷却状態になるのを防ぐためである）。

寒剤のつくり方は、143ページの「寒剤の研究」を参考にするとよい。

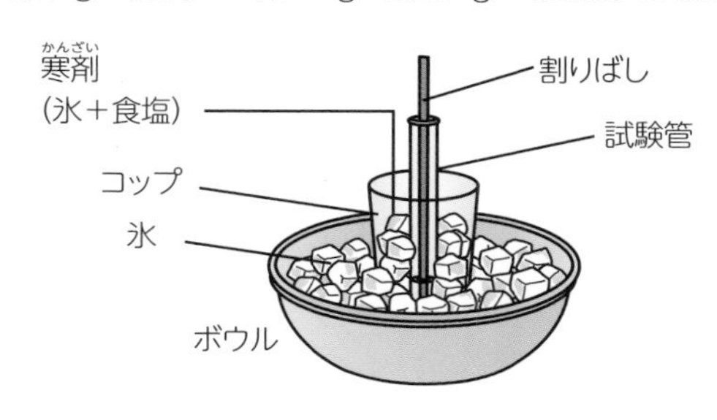

結果 濃度が高い食塩水ほど、凍り始めるまで時間がかかり、凍りにくいことがわかる。

時間 2時間　難易度 ★★☆☆

立体模型をつくろう

【研究のきっかけになる事象】
日本は地震が多く発生し、大きな地震では建物が倒壊することがある。建物の倒壊対策には免震、制振、耐震の3つの構造がある。

【実験のゴール】
地震から建物を守る構造の立体模型をつくって、ゆれ方を比べてみよう。

用意するもの
- 工作用紙
- セロハンテープ
- 定規
- ペットボトルのふた5個
- ビー玉6個
- ひも
- 両面テープ
- カッター
- カッターマット
- スマートフォン(動画撮影機能つき)
- 三脚(スマートフォン用)

実験の手順　準備　立体模型をつくる

⚠注意　カッターで手を切らないように気をつけよう!

1 工作用紙を切りとり、立体模型のパーツをつくる。

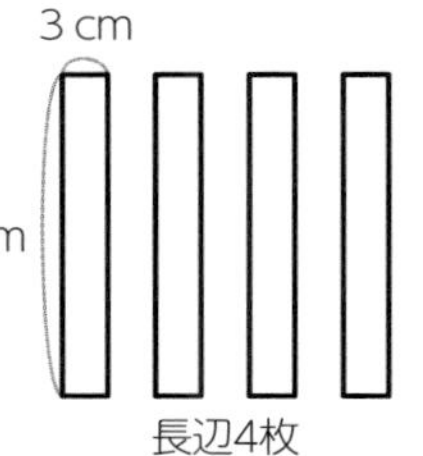

図は通常構造(倒壊対策なしのもの)1つ分のパーツ。
通常構造を4つつくるので、図のパーツを4セット用意する。

2 1 のパーツをセロハンテープでつなげて、通常構造をつくる。同じものを全部で4つつくる。

長辺・短辺の両端から1cmはセロハンテープで固定するのに利用するよ。

セロハンテープで固定する部分の重ね方はいろいろあるけど、4つとも同じにしよう。

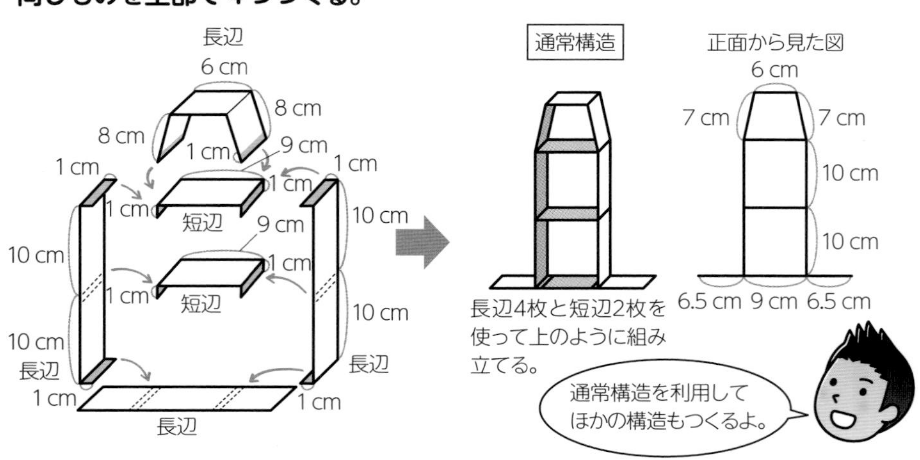

長辺4枚と短辺2枚を使って上のように組み立てる。

3 **通常構造4つのうちの3つを用いて、免震構造、制振構造、耐震構造をつくる。**

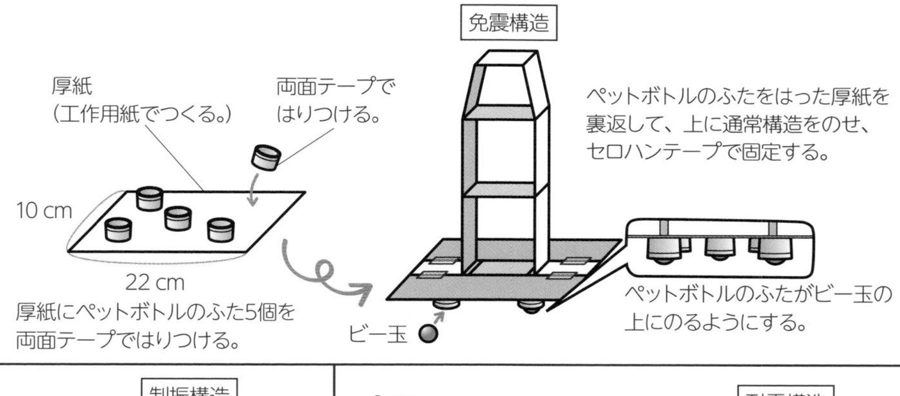

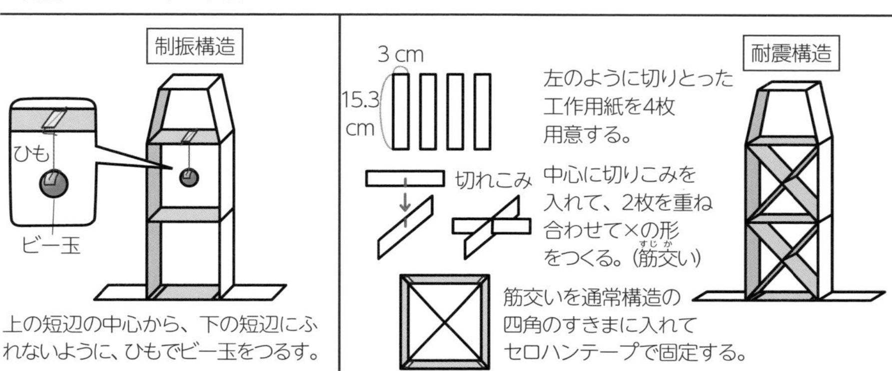

制振構造では、ビー玉が短辺の中心にくるようにセロハンテープでひもを固定しよう。

耐震構造の筋交いの長さは調整しよう。

1 ゆれ方を調べる

1 **それぞれの構造のゆれ方を調べる。**

同じ大きさの厚紙を4枚用意し、それぞれに立体模型をのせる。厚紙を左右に動かして立体模型をゆらし、ゆれ方をスマートフォンで動画を撮影して確認する。

厚紙はつくった模型が乗る大きさにしよう。

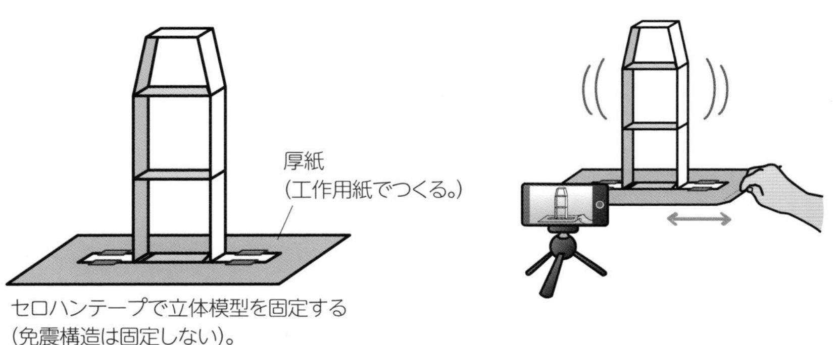

厚紙の端を少し折って、折ったところを持つとゆらしやすいよ。

実験の注意とポイント

●対照実験にするため、各構造のセロハンテープで固定する部分の重ね方は、通常構造でつくったものと同じにしよう。

レポートの実例

このレポートはひとつの例です。
実際には、自分で行った実験の結果や考察を書きましょう。

建物のゆれを模型で調べる研究　○年○組　○○○○

研究の動機と目的

日本は地震（じしん）が多く、大きな地震で建物が倒壊（とうかい）しているようすをニュースで見たことがある。建物の構造を立体模型にして、通常構造と地震対策をした構造で建物のゆれ方にどのようなちがいがあるのか実験してみようと思った。

＊工作用紙　＊セロハンテープ　＊定規　＊ペットボトルのふた5個
＊ビー玉6個　＊ひも　＊両面テープ　＊カッター　＊カッターマット
＊スマートフォン　＊三脚（さんきゃく）

工作用紙で長辺（3 cm×22 cm）4枚と短辺（3 cm×11 cm）2枚をつくり、通常構造をつくった。通常構造をもとにして次の4種類の立体模型をつくった。

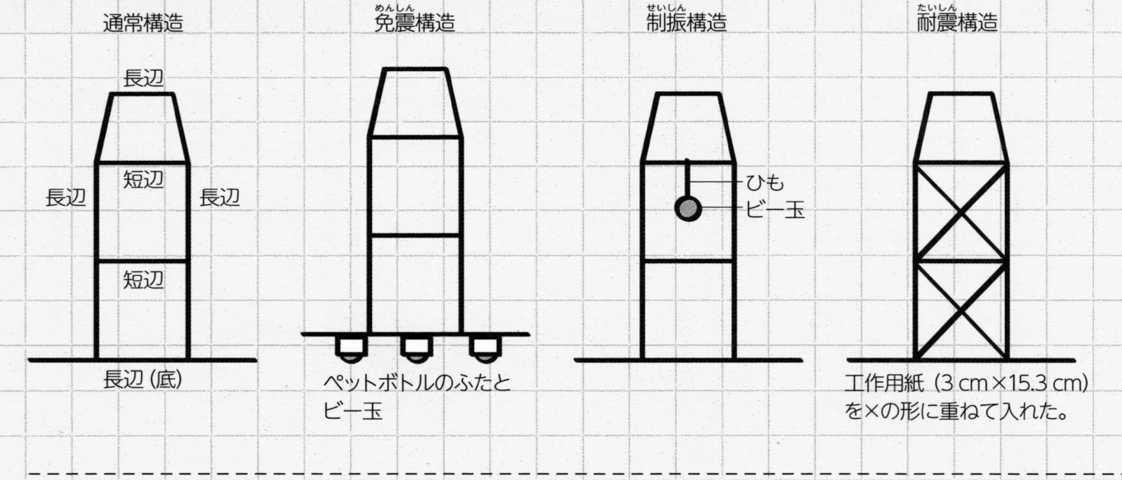

実験１　4種類の模型のゆれ方を調べた

＞方法

(1) 通常構造を厚紙の上にセロハンテープで固定し、厚紙を左右に動かして通常構造をゆらした。0.5秒ごとに1 cm往復、0.5秒ごとに2 cm往復、1秒ごとに2 cm往復の3種類のゆれ方を調べた。スマートフォンで動画を撮影してゆれ方を確認した。

(2) (1) と同じようにして、免震構造、制振構造、耐震構造でゆれ方を調べた。(免震構造は厚紙に固定しなかった。)

＞結果

	通常構造	免震構造	制振構造	耐震構造
0.5秒ごとに1 cm往復	ゆれた。	台座はゆれたが、建物はあまりゆれなかった。	少しゆれた。ビー玉はゆれと逆に振れた。	ゆれなかった。
0.5秒ごとに2 cm往復	大きくゆれた。	台座はゆれたが、建物はあまりゆれなかった。	ゆれた。ビー玉はゆれと逆に振れた。	ゆれなかった。
1秒ごとに2 cm往復	少しゆれた。	台座はゆれたが、建物はあまりゆれなかった。	大きくゆれた。ビー玉はゆれと同じ向きに振れた。	ゆれなかった。

まとめと考察

・免震構造は、台座はゆれたが建物自体はあまりゆれなかった。ビー玉があることで厚紙のゆれが模型に直接伝わらなかったためにあまりゆれなかったと考えられる。

・制振構造は、ビー玉が模型のゆれの向きと逆に動くときは模型のゆれが小さくなり、同じ向きに動くと模型のゆれが大きくなった。このことから、振り子が逆に振れることでゆれをおさえていると考えられる。

・耐震構造は、今回のゆれの大きさと周期では、ほとんどゆれなかった。このことから、筋交い（すじかい）の有無がゆれにくさに影響（えいきょう）を与（あた）えていると考えられる。

サイエンスセミナー

免震構造、制振構造、耐震構造のしくみ

日本は地震が多く発生する国です。大きな地震が発生すると建物が倒壊するなどの被害が生じます。地震から建物を守る構造として、おもに「免震構造」「制振構造」「耐震構造」の3種類があります。

免震構造は、建物と基礎の間にゴムなどでできた免震装置を組みこんだ構造です。地面と建物を切り離すことでゆれを受け流し、建物にゆれを伝わりにくくしています。

制振構造は、建物内に振り子などの制振装置を設置した構造です。地震時に振り子が建物の動きと逆方向に振れることでゆれを吸収し、建物のゆれをおさえています。

耐震構造は、建物の骨組みとなる柱や梁、壁を頑丈なものにしたり、筋交いを入れたりした構造です。建物自体の強度を高めることで地震のゆれに耐えられるようにしています。

地震のゆれの周期と共振

地震のゆれには、さまざまな周期（ゆれが1往復するのにかかる時間）をもつゆれ（地震動）が混ざっています。

ガタガタとした小刻みなゆれで、周期が約2秒以下のゆれを短周期地震動といいます。一方、船に乗っているようなゆっくりとした大きなゆれで、周期が約2秒から数十秒の地震動を長周期地震動といいます。

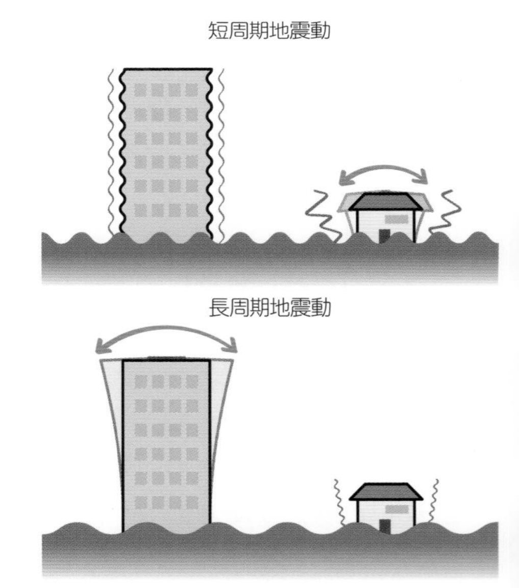

建物には固有のゆれやすい周期（固有周期）があります。地震動の周期と建物の固有周期が一致すると、建物が大きくゆれます。これを共振といいます。低い建物は短周期地震動と共振しやすく、特に周期が1～2秒の地震動で建物の被害が出やすいといわれています。また、高層ビルなどの大きな建物は長周期地震動と共振しやすい性質があります。長周期地震動はマグニチュードが大きい地震で発生しやすく、遠くまで伝わりやすいため、震源から離れた場所でも高層階が大きく長くゆれることがあります。

制振構造のおもりをつるす長さを変えてゆれ方を調べよう

制振構造のおもりをつるすひもの長さを変えてゆれ方を調べます。

準備 工作用紙、ひも、ビー玉3個、定規、カッター、カッターマット、セロハンテープ、スマートフォン、三脚（さんきゃく）

方法
1) 100ページの準備と同じように、通常構造を3つつくる。
2) 1) におもり（ビー玉）をつるすひもの長さを変えて長いもの（長）、短いもの（短）、中くらいのもの（中）の3種類の制振構造をつくる。
3) 3種類の制振構造を同じ厚紙（工作用紙でつくる）の上にセロハンテープで固定する。
4) 厚紙を左右に動かして3種類の制振構造をゆらし、ゆれ方をスマートフォンで動画撮影（さつえい）して確認する。

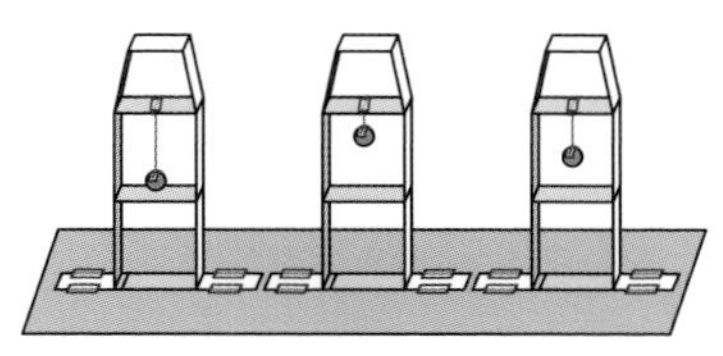

結果 下の厚紙の動かし方によって、「長」と「中」がゆれているときでも「短」がゆれにくいときがあったり、「短」がゆれているときでも「長」と「中」がゆれにくいときがあったりした。
「長」と「中」がまったく同じ動きをするかといえばそうではなく、「長」がゆれているときでも「中」がゆれにくいときがあったり、その逆のときもあったりした。

矢印➡は、厚紙を動かした方向を表している。

ワンポイント！
●振り子の長さが長いほど振り子の周期は長くなる。
●同じゆれでも、ひもの長さ（振り子の長さ）によって模型がゆれやすいときが異なる。

サイエンスセミナー

スカイツリーは制振構造

高さ634 mの電波塔である東京スカイツリーは、地震対策として制振構造をとり入れています。ツリーの中心部に心柱（しんばしら）という円筒の柱があり、心柱と外側の鉄骨本体が分離（ぶんり）していることで、心柱と鉄骨のゆれにずれが生じ、タワー全体のゆれを打ち消しています。このしくみは、五重塔（ごじゅうのとう）の構造を参考にして採用されました。また、頂部にあるおもりもゆれを低減するはたらきをしています。

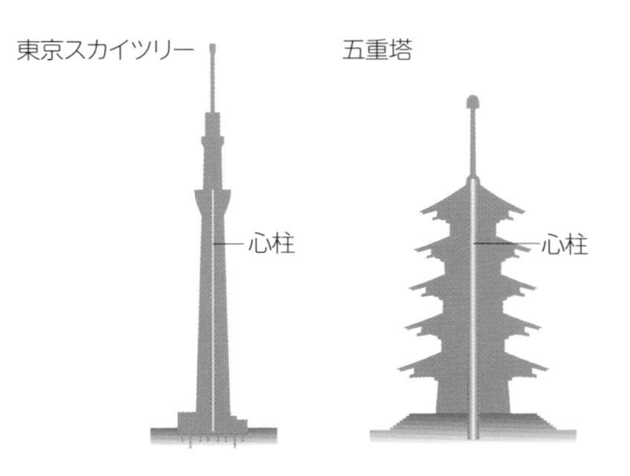

時間 2時間　難易度 ★★☆☆

虹色ハーブティーをつくろう

【研究のきっかけになる事象】
マローブルーというハーブティーは紫色をしているが、レモン汁を加えると色が変化する。

【実験のゴール】
マローブルー液にいろいろな性質の液を加えて色の変化を調べてみよう。

用意するもの
- マローブルー
- 透明なコップ
- 水
- 食酢
- レモン汁
- 重そう水
- せっけん水
- pH試験紙
- スプーン
- 大きめの容器
- 計量スプーン
- 計量カップ
- カメラ
- 白い紙（撮影用）
- ピンセット

実験の手順

準備　マローブルー液をつくる

マローブルー液は放置すると色がぬけてしまうので、つくったら、すぐに使おう。

1 大きめの容器に水500 mLとマローブルー5つまみ（1.5 g程度）を入れる。

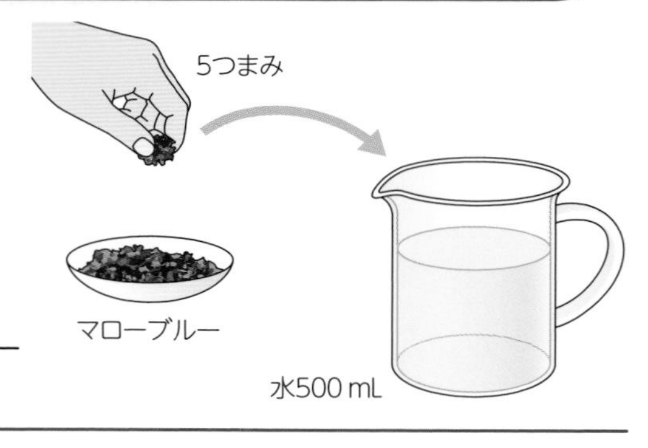

水100 mLに対してマローブルーを1つまみ入れる。

2 スプーンで押してマローブルーの色を出す。マローブルー液を5つのコップに100 mLずつ入れる。

なるべく花が入らないようにして液だけを入れよう。
茶こしを使ってもいいね。

スプーンなどで花を容器の内側や底に押し当てながら色を出す。

1 マローブルー液にいろいろな液を加えて色の変化を調べる

pH試験紙を液体につけ、見本と色を比べてpHの値を調べるよ。

1 マローブルー液、食酢、レモン汁、重そう水、せっけん水を用意して、pH試験紙でそれぞれのpHの値（あたい）を調べる。

手に液体がついていると、pH試験紙が変色してしまうので、ピンセットを用いるといいよ。

2 マローブルー液の色を撮影（さつえい）して記録しておく。

白い紙をコップの下にしくと色が見やすいよ。

3 1つのコップのマローブルー液100 mLに、食酢を以下のように続けて加え、液の色がどのように変化するかを観察し、それぞれの色を撮影して記録しておく。

計量スプーンは、液を変えるたびに水で洗い、よく拭いて次に使おう。

4 レモン汁、重そう水、せっけん水も、3と同じようにしてそれぞれマローブルー液に加えて観察し、色を撮影する。

レモン汁　重そう水　せっけん水

5 加えた液のpHが小さいものからコップの写真を並べて、どのような色の変化があったかわかるようにする。

実験の注意とポイント

- 液の色を撮影するときは、部屋の明るさなどの周囲の環境が同じになるようにして、正しく色の比較ができるようにしよう。

⚠ **実験で使った液は飲まないこと！**

レポートの実例

このレポートはひとつの例です。
実際には、自分で行った実験の結果や考察を書きましょう。

虹色ハーブティーをつくる実験　○年○組　○○○○

研究の動機と目的

マローブルーという青い色のハーブティーがあって、レモン汁を加えると色が変わることを知った。いろいろなものを加えて、色の変化を見てみたいと思い、実験することにした。

＊マローブルー　＊透明なコップ　＊食酢　＊レモン汁
＊重そう水　＊せっけん水　＊pH試験紙　＊水
＊スプーン　＊計量スプーン　＊計量カップ
＊大きめの容器　＊カメラ

実験1　マローブルー液にいろいろな液体を加えて、色の変化を見た

＞方法

(1) 大きめの容器に水500 mLとマローブルー5つまみを入れた。
(2) スプーンで押してマローブルーの色を出し、5つのコップに100 mLずつ入れた。
(3) (2) で用意した5つのうちの1つのマローブルー液、レモン汁、食酢、せっけん水、重そう水を用意して、pH試験紙でそれぞれのpHの値を調べた。重そう水は250 mLの水に大さじ1杯の重そうを加えたものを用意した。
(4) マローブルー液の色を撮影して記録した。
(5) 1つのコップのマローブルー液に、食酢を1 mL、5 mL、10 mL、20 mL、30 mL、40 mL、50 mLと入れていき、その度に色がどのように変化するかを観察し、それぞれの色を撮影して記録した。
(6) レモン汁、重そう水、せっけん水も、(5) と同じようにしてそれぞれマローブルー液に加えて観察し、色を撮影した。
(7) 加えた液のpHが小さいものからコップの写真を並べて、どのような色の変化があったかわかるようにした。

＞結果　それぞれの液のpHの値

液	マローブルー液	レモン汁	食酢	せっけん水	重そう水
pH	7	1	2	8	10

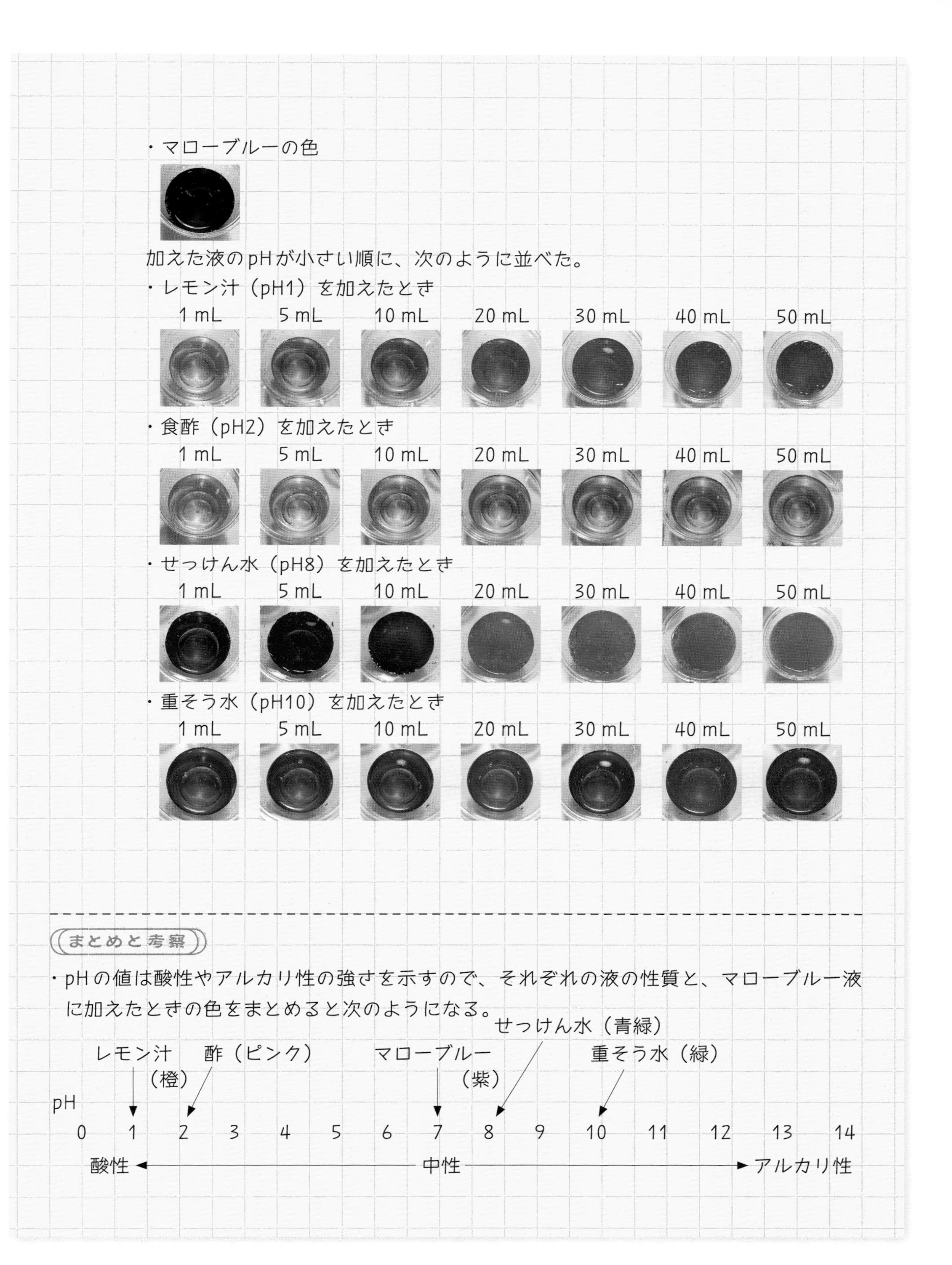

・マローブルーの色

加えた液のpHが小さい順に、次のように並べた。

・レモン汁（pH1）を加えたとき

1 mL　5 mL　10 mL　20 mL　30 mL　40 mL　50 mL

・食酢（pH2）を加えたとき

1 mL　5 mL　10 mL　20 mL　30 mL　40 mL　50 mL

・せっけん水（pH8）を加えたとき

1 mL　5 mL　10 mL　20 mL　30 mL　40 mL　50 mL

・重そう水（pH10）を加えたとき

1 mL　5 mL　10 mL　20 mL　30 mL　40 mL　50 mL

まとめと考察

・pHの値は酸性やアルカリ性の強さを示すので、それぞれの液の性質と、マローブルー液に加えたときの色をまとめると次のようになる。

・マローブルー液は、酸性では濃いオレンジやオレンジ、ピンク、中性では紫、アルカリ性では青や緑に変化することがわかった。マローブルー液を使って水溶液の性質を調べることができた。
・加える液のpHによって色がちがっていたので、酸性やアルカリ性の強さも調べられることがわかった。
・同じ液でも、加える量を増やしていくと、マローブルー液の色が変化した。ためしに1 mL加えた液と50 mL加えた液とでpHを調べてみると、50 mL加えたほうが酸性やアルカリ性が強かった。加える量を変えるとpHが変わるので、マローブルー液の色も変化したと考えられる。

サイエンスセミナー

なぜマローブルー液の色が変わったの?

マローブルーは、アオイ科の植物で、「ウスベニアオイ」ともよばれます。花を乾燥させてつくったものに水を入れると紫色になります。これにレモン汁を加えるとピンク色に変わります。なぜ色が変わったのでしょうか。

マローブルーの花には、アントシアニンという色素がふくまれています。アントシアニンは水溶液の性質によって分子の構造が変化するため、液の色も変化します。酸性では赤、アルカリ性では青〜緑色を示します。アントシアニンは、ブルーベリーやムラサキキャベツなどにもふくまれます。

アントシアニンをふくむもの

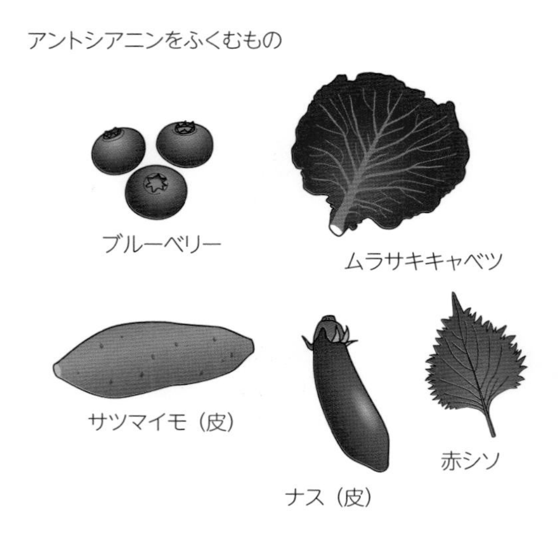

pHって何?

pHとは、水溶液の酸性やアルカリ性の強さを表す数値です。0〜14の数値で示され、pHの値が7のとき、水溶液は中性です。値が7より小さいときは酸性で、数値が小さくなるほど酸性が強くなります。また、7より大きいときはアルカリ性で、数値が大きくなるほどアルカリ性が強いことを示しています。pHは、pH試験紙やpHメーターを使って調べることができます。pHを調べると、酸性やアルカリ性の強さまで、くわしく知ることができます。

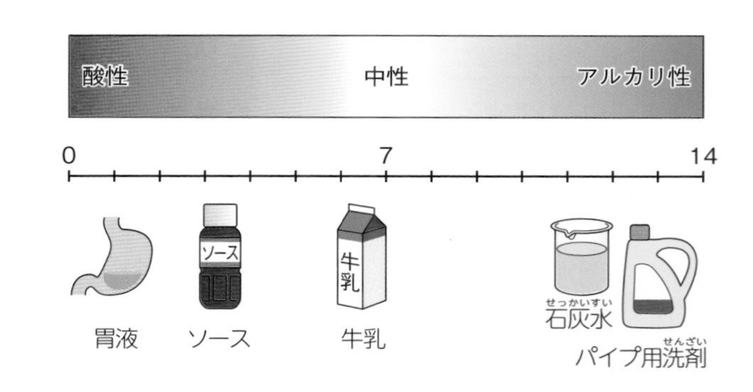

ブルーベリーやムラサキキャベツでも虹色ができるか調べる

冷凍ブルーベリーやムラサキキャベツの液でも酸性やアルカリ性で色が変わるか調べます。

準備 冷凍ブルーベリー（100 g）、ムラサキキャベツ（4分の1個）、水、なべ、包丁、まな板、透明なコップ、食酢、レモン汁、重そう水（250 mLの水に重そうを大さじ1杯加える）、せっけん水、pH試験紙、計量スプーン、計量カップ、大きめの容器、カメラ

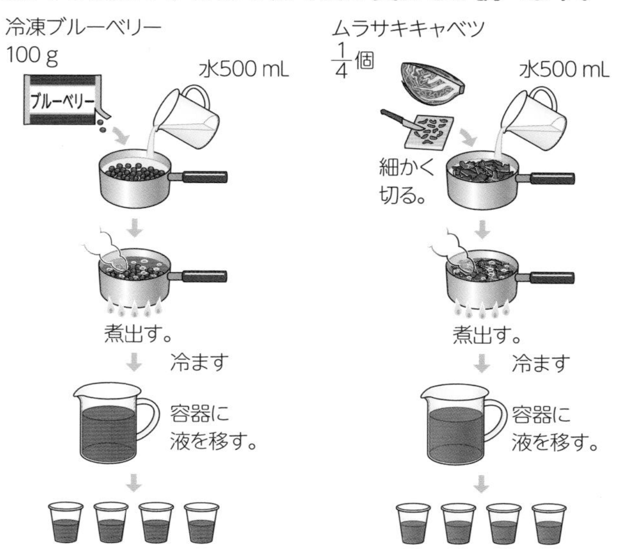

方法
1）ブルーベリー液のつくり方
冷凍ブルーベリーと水500 mLをなべに入れて、火にかける。15分ほど煮出したら火を止め、冷めるまで待つ。
ムラサキキャベツ液のつくり方
細かく切ったムラサキキャベツと水500 mLをなべに入れて、火にかける。15分ほど煮出したら、火を止め、冷めるまで待つ。
2）ブルーベリー液をコップ4個に100 mLずつ入れる（100 mLは予備とする）。
まず食酢1 mL（小さじ$\frac{1}{5}$）を加えて撮影し、次に4 mL（小さじ$\frac{4}{5}$）を追加して撮影する。さらに5 mL（小さじ1）追加して撮影する。さらに（小さじ2）ずつ加えて撮影する操作を繰り返し、食酢が50 mLになるまで行う。
3）レモン汁、重そう水、せっけん水についても同様に行う。
4）ムラサキキャベツ液についても、2）、3）と同様に行う。

結果
・冷凍ブルーベリーでは、酸性で赤～ピンクがかった赤、中性で赤みがかった紫、アルカリ性で赤紫～ピンクがかった紫～灰色になった。
・ムラサキキャベツ液では、酸性で赤～赤紫、中性で紺、アルカリ性で赤紫～紫～濃い青になった。

	ブルーベリー液	ムラサキキャベツ液
レモン汁 (pH1)		
食酢 (pH2)		
せっけん水 (pH8)		
重そう水 (pH10)		
	1 mL ⟷ 50 mL	1 mL ⟷ 50 mL

⚠ **やけどをしないように気をつけよう！　実験で使った液は飲まないこと！**

ワンポイント！　●口の広いコップのほうが、色の変化を観察しやすい。

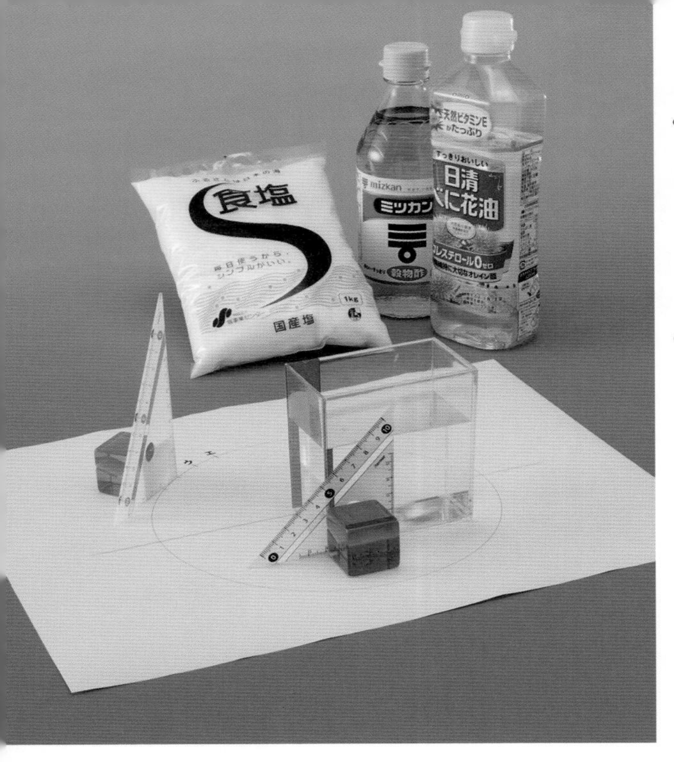

時間 4時間　難易度 ★★★★

甘さは光ではかれるか?

【研究のきっかけになる事象】
水の中にはしなどを入れると曲がって見える。これは光が物質の境界で屈折しているからだ。

【実験のゴール】
物質によって屈折の度合いがどうちがうのか、実験で確かめてみよう。

用意するもの

▶水そう(アクリル製の箱など)　▶白い紙
▶三角定規　▶箱　▶おもし　▶コンパス
▶分度器　▶筆記用具　▶セロハンテープ
▶ビニルテープ　▶水　▶食塩　▶砂糖　▶食酢
▶植物油　▶湯　▶はかり　▶計量カップ　など

実験の手順　準備　実験器具を用意する

大きな水そうを使うと、大きな実験図が必要になるので側面が垂直で透明であれば100円ショップで売っているような小さなものがいいよ。

1 直方体の水そうを用意し、横長の側面の右のはしに垂直にビニルテープをはる。

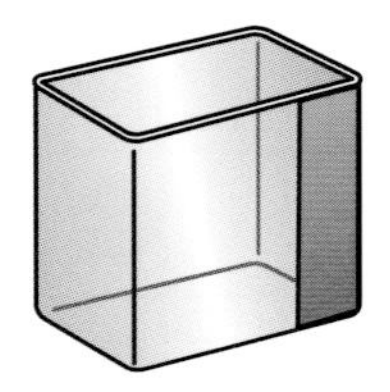

ここでは縦5 cm、横10 cm、高さ10 cm程度の上部があいた透明なアクリルの箱を使う場合の説明をする。

2 紙の中央に半径10 cmの円をかき、円の中心を通る直線を引く。円の左上部に図のようにア40°、イ50°、ウ60°、エ70°の線を書いて、実験用紙とする。

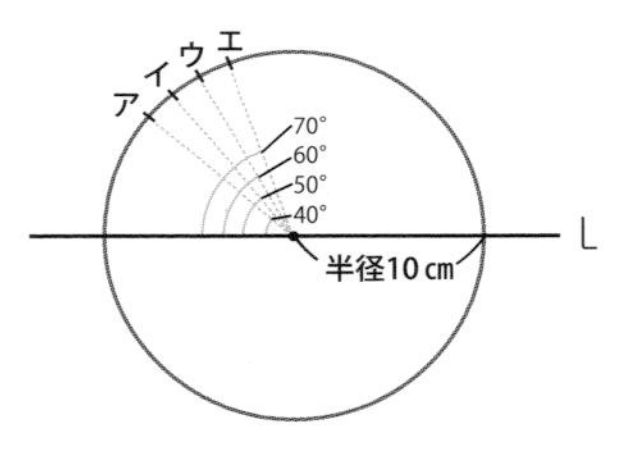

ここで使う水そうの場合の円は半径10 cm程度がよい。

実験用紙は1つ書いて、コピーをとって使おう。

3 垂直な面のある小さな箱に三角定規をセロハンテープではりつけたものを2つつくる。

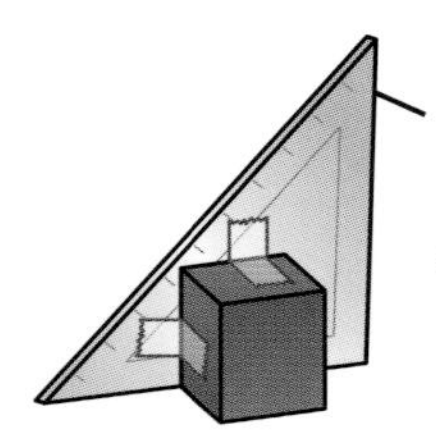

この線が目印になる。垂直になるようにつける。この線を辺Ⓐとする。

箱が軽い場合は、中におもしを入れよう。

4 25%の食塩水、25%の砂糖水、50%の砂糖水をつくる。

225 gの水に75 gの食塩をとかして、25%の食塩水をつくる。

200 gの湯に200 gの砂糖をとかし、50 %の砂糖水をつくる。

50%の砂糖水から100 gとり、100 gの水をたして25%の砂糖水をつくる。

つくった食塩水や砂糖水はペットボトルに入れておこう。誤って飲まないように注意しよう。

1 光の曲がり方を調べる

印をいくつもつけるとわからなくなるので、先の細いシャープペンシルや色のペンを使うなど工夫(くふう)してね。

1 平らなテーブルなどの上に実験用紙を置き、図のように、水そうと三角定規1を置く。

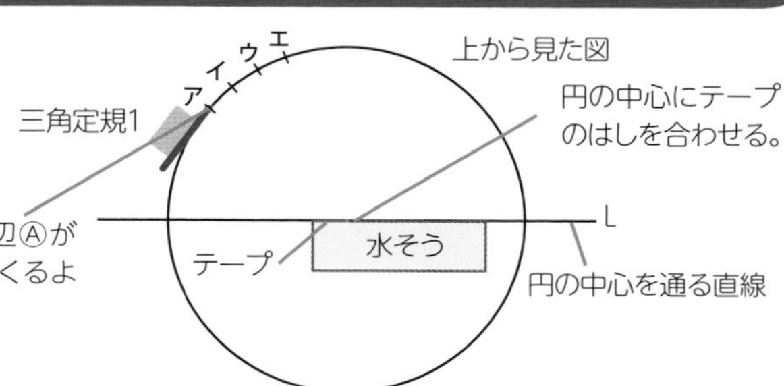

まず、水そうに水を入れない時、光が屈折するかどうか調べ、次に水そうに水を入れて同じように調べよう。

2 三角定規1の反対側から水そうをのぞき、三角定規1、水そうのテープのはし、三角定規2の辺Ⓐが重なるところをさがして印をつける。イ、ウ、エも同じように三角定規1を移動させて印をつける。これを、計3回行う。

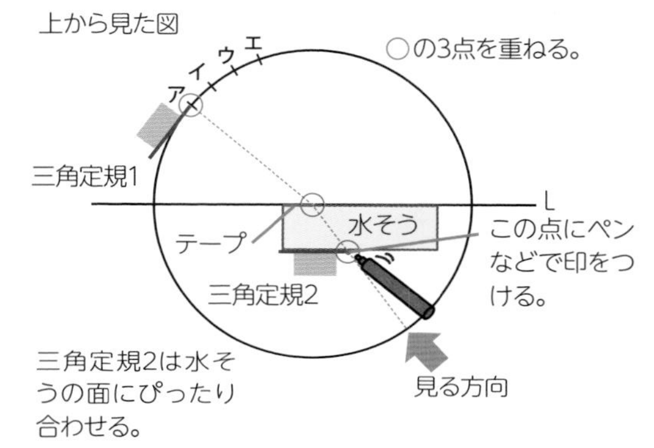

2 屈折率を計算する

先に数値を書き入れる表をつくっておくと、まちがいがおきにくいよ(115ページ参照)。

$\frac{a}{b}$は屈折率を表す。光が大きく屈折するほどbは小さくなり、屈折率$\frac{a}{b}$の値は大きくなるよ。

1 図のようにア～エのそれぞれについてaとbの長さをはかる。屈折率$\frac{a}{b}$の値を計算し、3回の平均値を求める。

●アの場合
①アからLに垂線（アア′）を引く。
②円の中心Oと印•を通る直線と円との交点Aに印をつける。
③AからLに垂線（AA′）を引く。
④a…ア′Oをはかる。　b…A′Oをはかる。

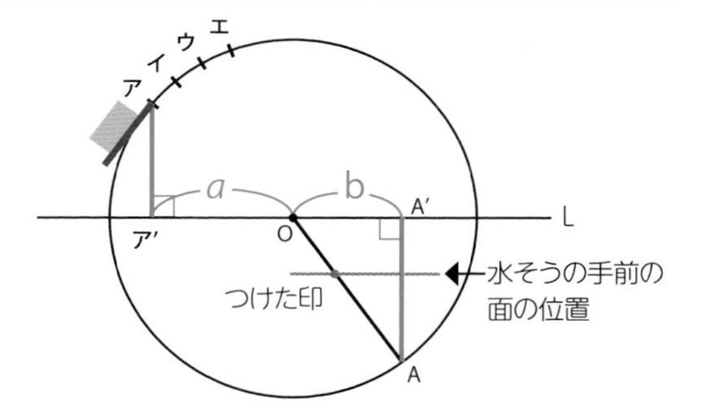

3 いろいろな液体で屈折率をはかる

水溶液を入れかえるたびに水そうをよく洗うこと。油の実験は最後に行おう。

1 水そうの中の液体を、25％食塩水、25％砂糖水、50％砂糖水、食酢、油などにかえて、それぞれ計測し、屈折率を計算する。

25%食塩水

25%砂糖水

50%砂糖水

食酢

植物油

レポートの実例

このレポートはひとつの例です。
実際には、自分で行った実験の結果や考察を書きましょう。

水溶液と光の屈折の実験

○年○組　○○○○

研究の動機と目的

茶わんの底にかくれていた物が、水を入れると見えるようになるなど、水面では光が屈折することを学んできた。果物などの糖度をはかる器具にも光の屈折が利用されていると聞き、自分でも試してみようと思った。

＊水そう　＊白い紙　＊三角定規　＊コンパス　＊分度器　＊おもし
＊箱　＊ビニルテープ　＊セロハンテープ　＊筆記用具
＊はかり　＊計量カップ　＊水　＊食塩　＊砂糖
＊食酢　＊植物油　＊湯

三角定規と水そうを使って写真のような実験装置と、図のような実験用紙を用意した。
水そうの手前から水そうの向こう側にある三角定規の辺Ⓐ（目印）を見て、水そうに貼りつけたテープの線と重なって見える位置を用紙に記録する。

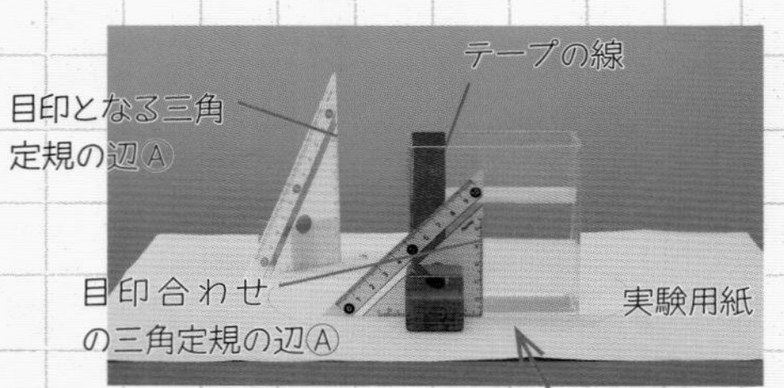

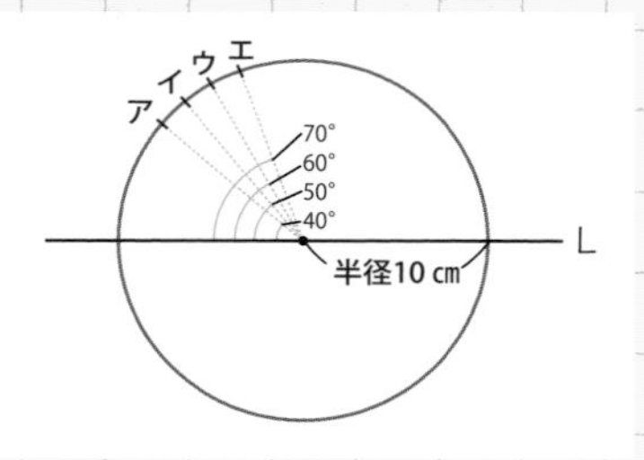

実験用紙

屈折率の計算方法

アとAそれぞれから円の中心を通る直線Lに垂線を引き、aとbの長さをはかる。$\frac{a}{b}$を計算して求めた数値を屈折率とする。

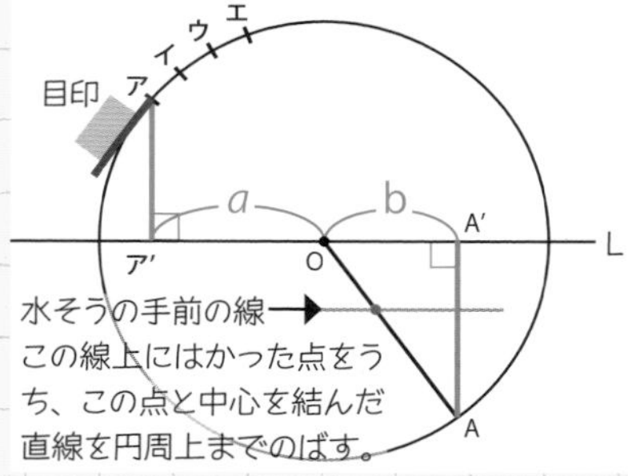

実験1　水そうに何も入れず屈折するかどうかを調べた

＞方法　水そうに何も入れない状態で実験装置をセットし、ア、イ、ウ、エの位置に目印を置いて、目印とテープの線が重なる位置で、水そうの手前の線に印をつけた。

＞結果　記録したどの点も、ア、イ、ウ、エから円の中心を通る直線と重なり、屈折していないことがわかった。

実験2　水で屈折率を調べた

＞方法　水そうに水を入れて、実験1と同じように屈折率を調べた。

＞結果　次の表のような結果となった。

$\frac{a}{b}$の値と平均値は小数第四位を四捨五入した値

	角度〔°〕	a〔mm〕	b〔mm〕			屈折率〔$\frac{a}{b}$の値〕			屈折率
水			1回目	2回目	3回目	1回目	2回目	3回目	（3回の平均）
ア	40	76.6	58.0	58.0	58.0	1.321	1.321	1.321	1.321
イ	50	64.0	50.0	49.5	46.0	1.280	1.293	1.391	1.321
ウ	60	50.0	38.0	39.0	38.0	1.316	1.282	1.316	1.305
エ	70	34.0	27.0	27.0	25.0	1.259	1.259	1.360	1.293

実験3　いろいろな液体で屈折率を調べた

＞方法　身近にある液体で、実験1と同じように屈折率を調べた。食塩水は、飽和(ほうわ)状態*に近い25％で実験し、砂糖水は25％と、その倍の濃度の50％で実験することにした。

＞結果　次の表のような結果となった。

$\frac{a}{b}$の値と平均値は小数第四位を四捨五入した値

		角度〔°〕	a〔mm〕	b〔mm〕			屈折率〔$\frac{a}{b}$の値〕			屈折率
				1回目	2回目	3回目	1回目	2回目	3回目	〔3回の平均〕
食塩水25％	ア	40	76.6	56.0	55.5	57.0	1.368	1.380	1.344	1.364
	イ	50	64.0	48.0	48.5	48.5	1.333	1.320	1.320	1.324
	ウ	60	50.0	37.0	38.0	38.0	1.351	1.316	1.316	1.328
	エ	70	34.0	24.5	25.0	26.0	1.388	1.360	1.308	1.352
砂糖水25％	ア	40	76.6	57.5	57.5	57.0	1.332	1.332	1.344	1.336
	イ	50	64.0	48.5	49.0	48.0	1.320	1.306	1.333	1.320
	ウ	60	50.0	37.5	39.0	38.0	1.333	1.282	1.316	1.310
	エ	70	34.0	25.5	25.5	25.0	1.333	1.333	1.360	1.342
砂糖水50％	ア	40	76.6	54.0	54.5	55.0	1.419	1.406	1.393	1.406
	イ	50	64.0	45.0	43.0	45.0	1.422	1.488	1.422	1.444
	ウ	60	50.0	37.0	34.5	36.0	1.351	1.449	1.389	1.396
	エ	70	34.0	24.0	23.0	23.5	1.417	1.478	1.447	1.447
食酢	ア	40	76.6	56.0	57.0	56.5	1.368	1.344	1.356	1.356
	イ	50	64.0	47.0	48.0	47.0	1.362	1.333	1.362	1.352
	ウ	60	50.0	38.0	38.0	37.5	1.316	1.316	1.333	1.322
	エ	70	34.0	25.0	27.0	25.0	1.360	1.259	1.360	1.326
植物油	ア	40	76.6	51.5	52.5	53.0	1.487	1.459	1.445	1.464
	イ	50	64.0	44.0	43.0	44.0	1.455	1.488	1.455	1.466
	ウ	60	50.0	32.5	32.0	34.0	1.538	1.563	1.471	1.524
	エ	70	34.0	24.0	22.0	22.5	1.417	1.545	1.511	1.491

＊水に食塩をとけるだけとかした状態。食塩の場合、20 ℃で約 26％が飽和した濃度。

まとめ

実験した液体の屈折率のア、イ、ウ、エの平均値を右のように表にまとめ、インターネットで調べた屈折率を参考に記入して比較した(※)。

	実験結果の屈折率の平均値	インターネットで調べた屈折率
水	1.310	1.333
食塩水(25 %)	1.342	1.378
砂糖水(25%)	1.327	1.376 (30%)
砂糖水(50%)	1.423	1.49 (80%)
食酢	1.339	1.372
植物油	1.486	1.472〜1.476

今までの結果と、まとめの表から以下のようなことがわかった。

・目印を置く角度がちがっても、その屈折率は、液体によってほぼ一定であることがわかった。
・水に比べて、食塩水、砂糖水、食酢、植物油のいずれも屈折率が高くなることがわかった。特に植物油と濃度50%の砂糖水の屈折率が高かった。
・砂糖水では、濃度が高いほうが屈折率が高くなることがわかった。
・液体の種類によって、屈折率が異なることがわかった。

考察

(1) インターネットで屈折率の基本データを調べてみると(※)、実験結果は、全体的にデータ値よりも小さい値となっていた。誤差はあるが、精密な器具を使わなくても、確かめることができることがわかった。
(2) 水に比べて、他の液体の屈折率が高いのは、どうしてだろうか。砂糖水の濃度を上げると屈折率が高くなったように、液体に混ざっているものが多いと屈折率が高くなると考えてよいのだろうか。もう少し調べてみる必要がありそうだ。

※実際にレポートを書くときは、参考にしたサイトのURLを記しましょう。

発展研究

砂糖水と水で蜃気楼をつくってみよう

光は密度の高いほうへ曲がる性質があります。蜃気楼は水面やその上空の空気などの温度差によって異なる密度の層ができたとき、起きる現象です。砂糖水と水を使って蜃気楼を出現させてみましょう。

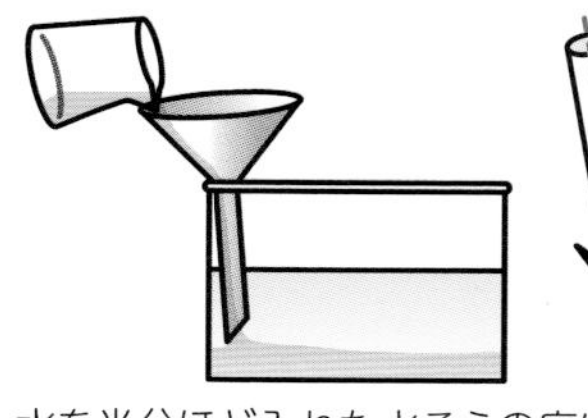

ストローを使う場合は太いものを半分に切って、砂糖水を流すとよい。

水を半分ほど入れた水そうの底にじょうごの先を入れ砂糖水を静かに注ぐ。

準備 水そう（112ページの実験と同じく厚みの少ないもの）、50%の砂糖水、水、計量カップ、じょうご（またはストロー）、風景の写真、画用紙、ペンなど

方法
1) 水そうに水を半分ほど入れる。
2) 図のようにじょうごなどを使って、水そうの底に砂糖水を静かに入れる。
3) 水と砂糖水の境界線が見えることを確認する。
4) 水そうを半日から1日、そのまま静かに置いておく。ゴミなどが入らないようにラップなどでふたをしておくとよい。
5) 水そうの向こう側に写真や絵を置いて、見え方を観察する。

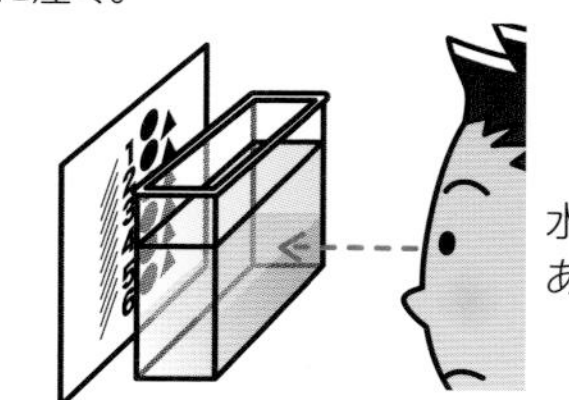

水と砂糖水の境界あたりを見る。

結果 水そうに砂糖水を注ぎ終わったときは、水と砂糖水の境目が線になり、光はその面で反射する。時間がたつと、境界面で水と砂糖水が混ざり合い、砂糖水が濃い下の部分ほど光が大きく曲がり、濃度の低い上の部分ほど小さく曲がる。それによって絵がのびる現象が見られる。

水だけの水そうの画像

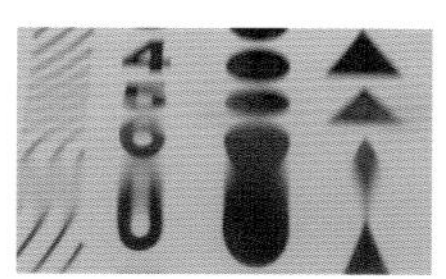

水と砂糖水の境界面でゆがんだ画像

ワンポイント！
- ストローを切らないで使うと、空気が入りやすいので注意する。
- カメラかビデオカメラがあれば、画像を撮影してみるとよい。

サイエンスセミナー

光の屈折と自然現象

　光は同じ物質の中ではまっすぐに進み、水から空気といった物質の境界で屈折します。ところが直進するはずの同じ物質の中でも密度が異なる部分があると、光は密度の大きいほうへ曲がって進む性質があるのです。このような光の性質によって起こる自然界の現象が、蜃気楼や逃げ水です。

- 蜃気楼：水平線を行く大型船や湾の向こうの陸地が、海面からのびたり逆さまになったりして見える現象。

提供：富山県総合教育センター

- 逃げ水：直射日光などで温められた密度の低い空気の層が路面にあると、道路の向こうにある車などからの光が上の冷たい空気のほうに曲げられ、水たまりに反射しているように見える。

時間 2時間　難易度 ★★☆☆

クレーターをつくろう

【研究のきっかけになる事象】
月の表面には、隕石の衝突によってできたクレーターがたくさん見られる。

【実験のゴール】
ビー玉を衝突させて、クレーターのでき方を調べてみよう。

用意するもの

- 小麦粉(500 g程度)
- ココア(150 g程度)
- 容器(容量500 mLほど)
- バット
- 定規
- ふるい
- ビー玉
- スプーン
- スマートフォン(カメラ　スローモーション撮影モード)
- 三脚(スマートフォン用)
- セロハンテープ
- ビー玉ほどの直径の棒

実験の手順 1　ビー玉を落とす高さを変えてクレーターができるようすを調べる

1 バットの上に容器をのせて、小麦粉を容器のふちいっぱいになるまで入れ、平らにする。

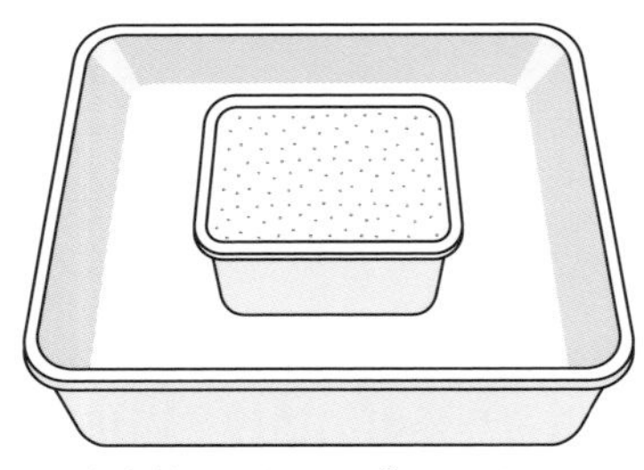

小麦粉をふちいっぱいに入れ、スプーンの柄などで平らにする。

2 1 の小麦粉の表面を、ふるいを使ってココアでまんべんなくおおい、地面をつくる。

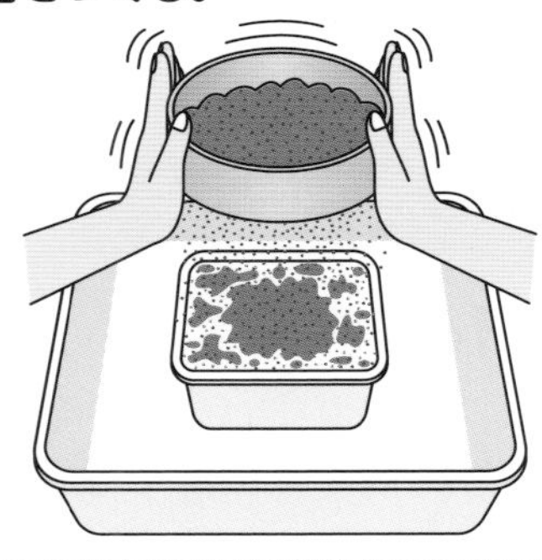

3 容器のすぐ後ろに定規をまっすぐ立てる。地面の表面を真横から撮影できるようにスマートフォンを三脚で固定して、スローモーション撮影モードに設定する。

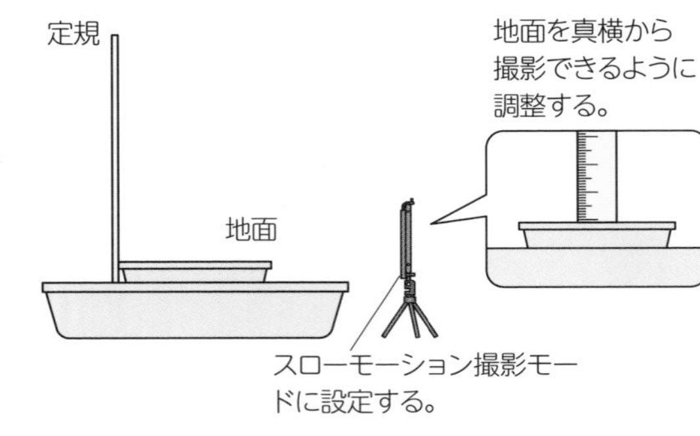

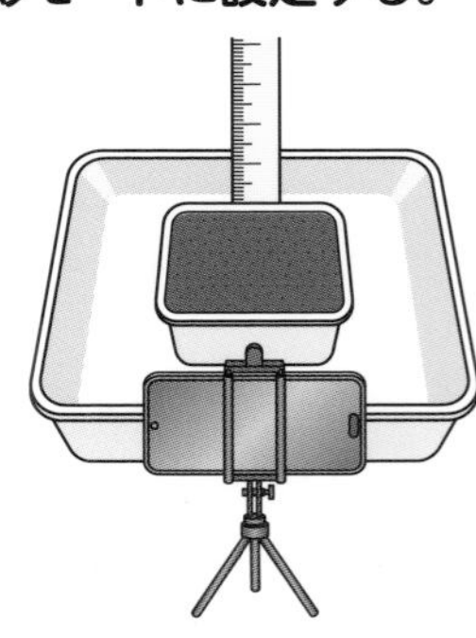

定規のきりのよい目盛りを地面に合わせると、あとで高さを求めやすいよ。

容器の高さがバットより低い場合は、容器の下に板などをしいてバットのふちよりも容器のほうが高くなるように調節しよう。

ビー玉は勢いをつけずに、静かに手からはなそう。

4 撮影を始める。ビー玉を5 cmの高さから落とし、粉が舞い上がるようすを撮影する。

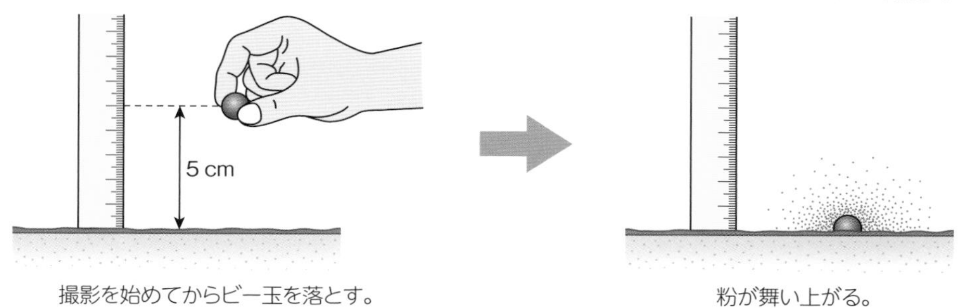

撮影を始めてからビー玉を落とす。　粉が舞い上がる。

粉の高さは、粉が最も高く上がったときの目盛りから地面の目盛りを引いた値だよ。

5 ビー玉を落とす高さを10 cm、15 cm、20 cmと変えて、同じように撮影する。

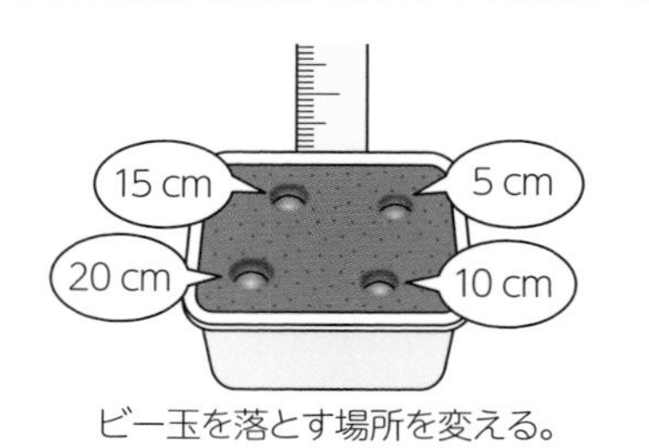

ビー玉を落とす場所を変える。

クレーターの形がくずれないように、ビー玉を静かにとり除こう。

6 ビー玉を落としたそれぞれの高さでのクレーターの大きさ、深さ、舞い上がる粉の高さを調べる。

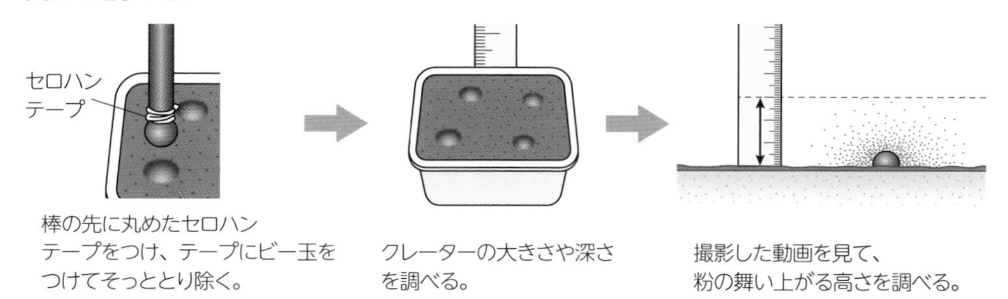

棒の先に丸めたセロハンテープをつけ、テープにビー玉をつけてそっととり除く。

クレーターの大きさや深さを調べる。

撮影した動画を見て、粉の舞い上がる高さを調べる。

〈次の準備〉実験を続ける場合は、次のようにして地面の表面をならす。

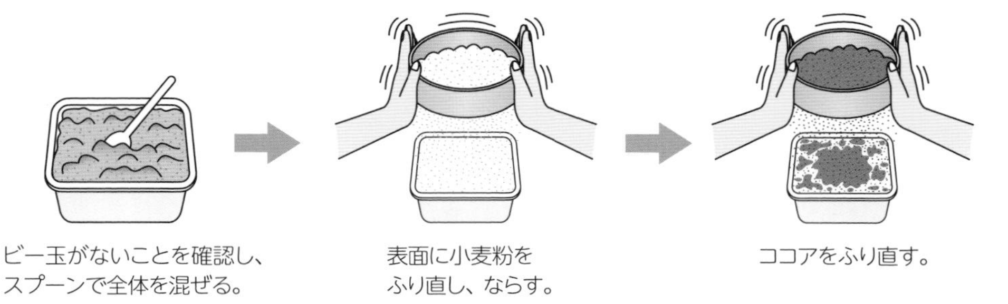

ビー玉がないことを確認し、スプーンで全体を混ぜる。

表面に小麦粉をふり直し、ならす。

ココアをふり直す。

実験の注意とポイント

- ふるいは、茶こしやザルでも代用できるよ。
- 粉が飛び散るので、新聞紙などをしいておくといいよ。

⚠ **実験で使った小麦粉やココアは口に入れないこと！**

レポートの実例

このレポートはひとつの例です。
実際には、自分で行った実験の結果や考察を書きましょう。

クレーターをつくる実験

○年○組　○○○○

研究の動機と目的

月の表面にはいろいろな大きさのクレーターがあり、隕石(いんせき)が衝突(しょうとつ)してできたと考えられている。ぶつかるものの高さによってクレーターのでき方が変わるのか調べてみたいと思った。

＊小麦粉　＊ココア　＊容器（容量500 mLほどのもの）
＊バット　＊定規　＊ふるい　＊ビー玉　＊スプーン
＊スマートフォン　＊三脚(さんきゃく)　＊セロハンテープ
＊ビー玉ほどの直径の棒

実験１　**ビー玉を落とす高さを変えて、クレーターができるようすを調べた。**

＞方法

（1）バットの上に容器をのせて、小麦粉を容器のふちいっぱいになるまで入れ、平らにした。
（2）（1）の小麦粉の表面を、ふるいを使ってココアでまんべんなくおおい、地面をつくった。
（3）容器のすぐ後ろに定規を立てた。地面の表面を真横から撮影できるようにスマートフォンを三脚で固定して、スローモーション撮影(さつえい)モードに設定した。
（4）ビー玉を5 cmの高さから落とし、粉が舞(ま)い上がるようすを撮影した。
（5）ビー玉を落とす高さを10 cm、15 cm、20 cmと変えて、同じように撮影した。

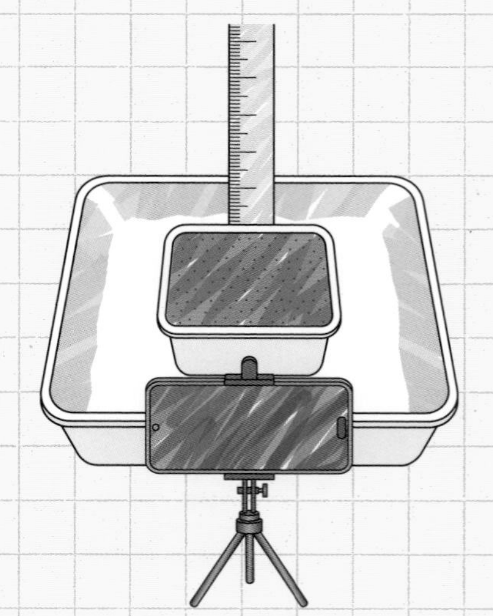

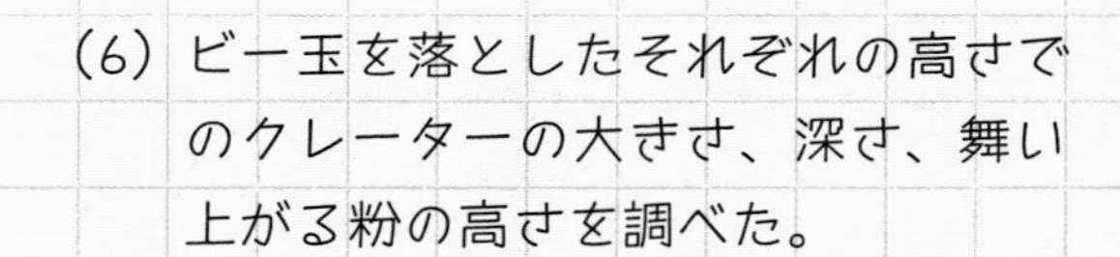

（6）ビー玉を落としたそれぞれの高さでのクレーターの大きさ、深さ、舞い上がる粉の高さを調べた。

舞い上がる粉の高さのはかり方

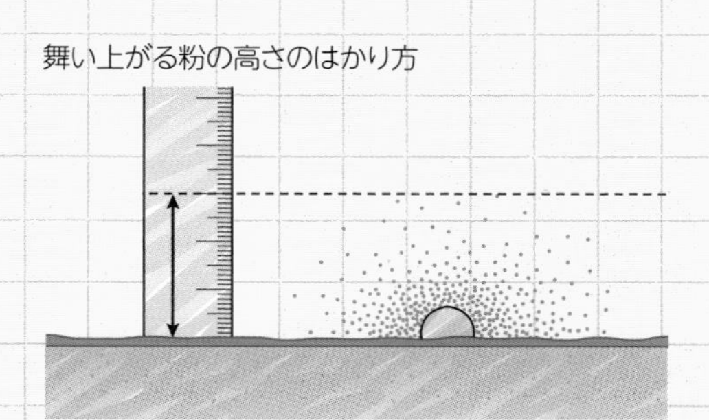

＞結果　・クレーターの大きさ…20 cm ＞15 cm ＞10 cm ＞5 cm
・クレーターの深さ……20 cm ＞15 cm ＞10 cm ＞5 cm

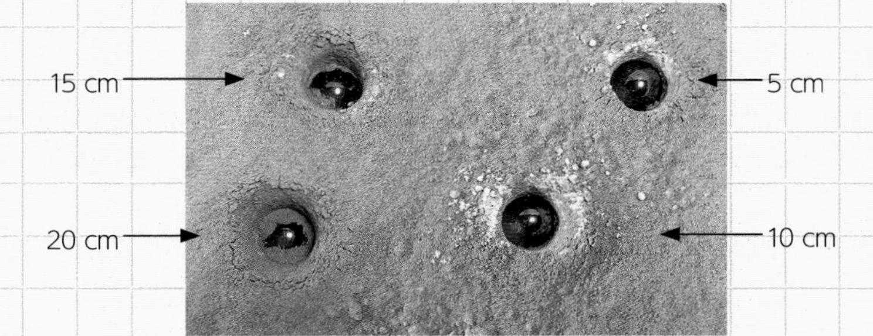

・粉が舞い上がる高さ

ビー玉を落とす高さ	5 cm	10 cm	15 cm	20 cm
粉が舞い上がる高さ	25 mm	35 mm	55 mm	100 mm

まとめと考察

・ビー玉を落とす位置が高いほど、できたクレーターは大きく、深くなり、粉が舞い上がる高さが高くなった。このことから、ビー玉を落とす位置が高いほど、衝撃が大きくなったと考えられる。
・動画を見ると、落とす位置が高いほど、ビー玉が落ちる速さが速くなっていた。衝突する直前の速さが速いほど、地面への衝撃が大きくなるのではないかと考えられる。

サイエンスセミナー

クレーターの大きさ

クレーターは、隕石が衝突してできた丸いくぼみです。月の表面には、大小さまざまなクレーターが見られます。

隕石は秒速十数kmの速さで月に飛びこんできます。隕石が地面に落ちると、衝突のエネルギーが熱や力となって爆発し、表面に丸いくぼ地をつくります。

衝突のエネルギーは運動エネルギーです。エネルギーとは物体を動かしたり変形させたりする能力のことで、運動エネルギーは運動している物体がもつエネルギーです。運動エネルギーが大きいほど、できるクレーターも大きくなります。運動エネルギーは、物体の速さが速いほど、物体の質量が大きいほど、大きくなります。

118ページの実験では、ビー玉を高い位置から落としてクレーターをつくりました。高い位置にある物体は位置エネルギーをもっています。高い位置から低い位置へ移るとき、物体がもっていた位置エネルギーは運動エネルギーに移り変わります。位置エネルギーは、高さが高いほど、物体の質量が大きいほど、大きくなります。位置エネルギーが大きければ、物体に衝突する直前の運動エネルギーも大きくなり、大きなクレーターができることになります。

▲月の表面のクレーター　©アフロ

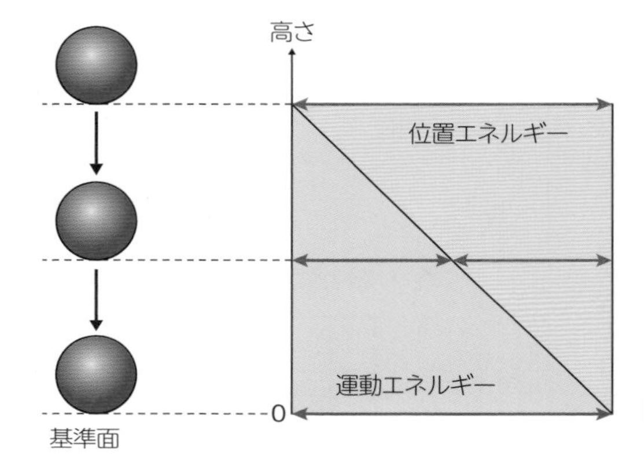

地球にもクレーターはある?

地球上で最も有名なクレーターは、アメリカのアリゾナ州にある、バリンジャー隕石こうです。直径約1.2 km、深さ約170 mで、今から約5万年前に直径がおよそ20〜30 mの隕石が衝突してできたものだと考えられています。

しかし、地球上ではクレーターはあまり見られません。地球には大気があるので、大気を通る間に隕石が燃えつきてしまいます。また、クレーターができたとしても大気や水のはたらきによる侵食や風化、大地の変動などでしだいに消えてしまい、形として残っているものは少ないのです。

▲バリンジャー隕石こう　©アフロ

発展研究

ビー玉を落とす勢いを変えて調べる

ビー玉を勢いをつけて落とすとどうなるかを調べます。

準備 小麦粉、ココア、容器、バット、定規、ふるい、ビー玉、スプーン、スマートフォン（カメラ　スローモーション撮影モード）、三脚（スマートフォン用）、セロハンテープ、棒

方法
1) 118ページの実験の手順1と同じように、実験装置をつくる。
2) 撮影を開始する。ビー玉を10 cmの高さから落とす。
3) ビー玉を10 cmの高さから勢いをつけて落とす。
4) 2）と3）で、クレーターの大きさと深さを比べる。

結果 クレーターの大きさと深さは、勢いをつけて落としたほうが大きく、深くなった。

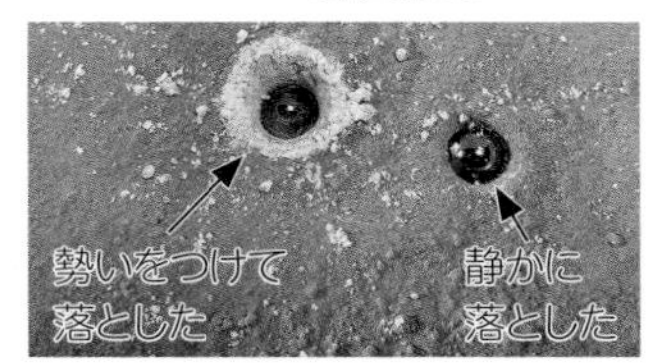

スーパーボールを落とす実験

ビー玉をスーパーボールに変えてクレーターのでき方を調べます。

準備 小麦粉、ココア、容器、バット、定規、ふるい、スーパーボール（大、中、小）、スプーン、スマートフォン（カメラ　スローモーション撮影モード）、三脚（スマートフォン用）、セロハンテープ、棒

方法
1) 118ページの実験の手順1と同じように、実験装置をつくる。
2) 撮影を開始する。10 cmの高さからスーパーボール（大、中、小）をそれぞれ落とす。
3) スーパーボール（大、中、小）で、クレーターの大きさと深さを比べる。

結果
・クレーターの大きさ…大 > 中 > 小
・クレーターの深さ……大 > 中 > 小
スーパーボールの直径が大きいほど、クレーターは大きく、深い。

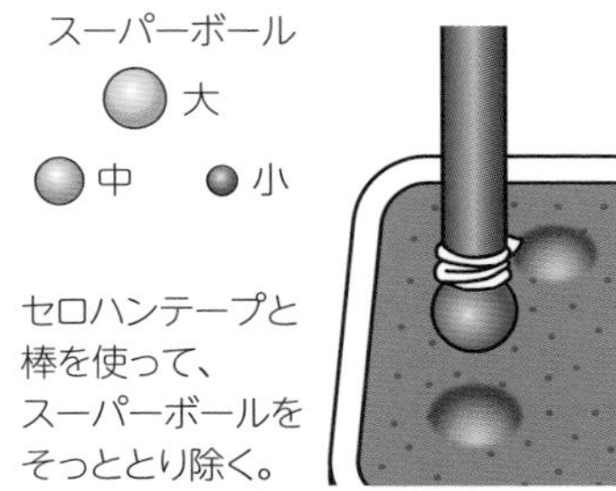

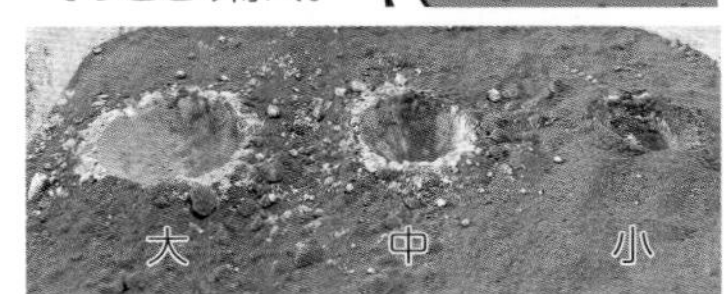

サイエンスセミナー

隕石はどこからくるの?

隕石は、宇宙から地球に飛んできた物質のうち、大気との摩擦で燃えつきず、地上まで落ちてきたものをいいます。地球に落ちてくる隕石の多くは小惑星であると考えられています。小惑星は、おもに火星と木星の軌道の間にあり、太陽のまわりを回っています。

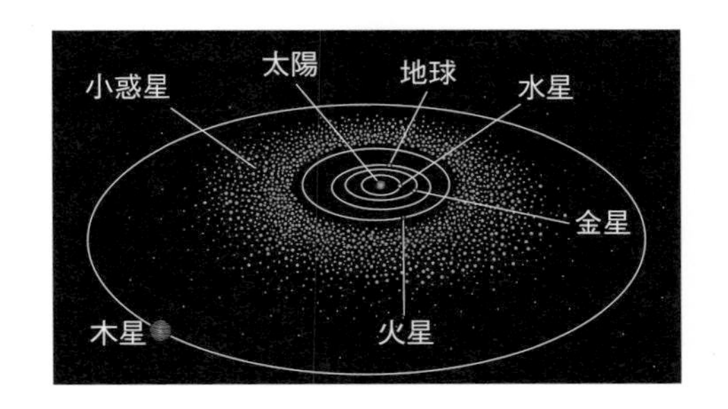

時間 1時間　難易度 ★☆☆☆

ミルククラウンを撮影しよう

【研究のきっかけになる事象】
牛乳を注いだ皿に1滴の牛乳を落とすと、しぶきが王冠状になる。これをミルククラウンという。

【実験のゴール】
スローモーション撮影機能を使って、ミルククラウンを撮影しよう。また、ミルククラウンができる条件を実験で調べよう。

用意するもの

- 牛乳（成分無調整のもの）
- 皿
- コップ
- スポイト
- 定規（50 cm）
- スマートフォンまたはデジタルカメラ（スロー240 fpsが撮影できるもの）
- 三脚

実験の手順 1　牛乳を40 cmの高さから落としてミルククラウンの撮影をする

1　牛乳を深さ2 mm程度皿に注ぐ。

2　スマートフォン（またはデジタルカメラ）の撮影モードをスローモーションに設定して、三脚に固定する。

fpsとはframes per secondの略で、1秒間の動画が何枚の静止画で構成されているかを示す単位のことだよ。240 fpsは1秒間に240枚の静止画でできているよ。

あらかじめスローモーション撮影の設定を240 fpsにしておく。

3　スポイトで牛乳を吸い上げておく。

スポイトを横にしたり逆さまにしたりすると、球部に牛乳が入ってしまうよ。

4 スマートフォンのカメラのフォーカスをできるだけ皿の牛乳に合わせ、スローモーション撮影を始める。

5 皿の横に定規を立て、40 cmの高さからスポイトの牛乳を皿の牛乳に数滴落とす。

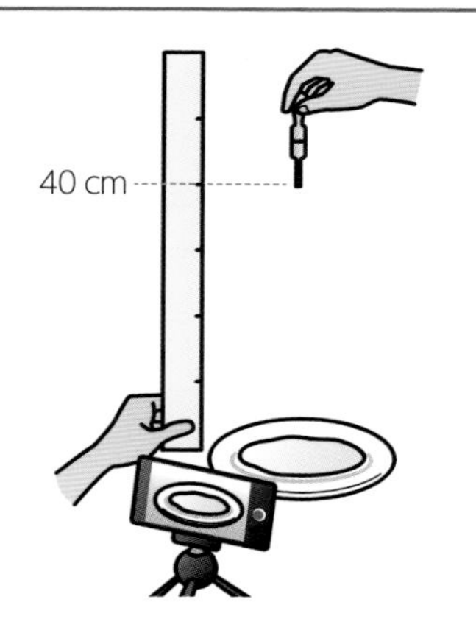

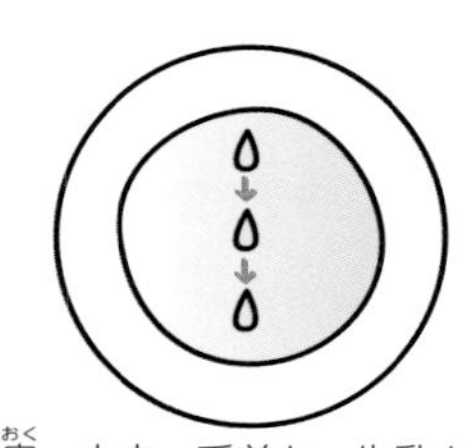

奥(おく)、中央、手前と、牛乳を落とす位置をずらして数滴落としていくと、どれかにピントが合う。

6 撮影した動画を再生して、ミルククラウンのでき方を確認する。

2 牛乳を落とす高さを変えて比べる

1 牛乳を落とす高さを10 cm、20 cm、30 cm、50 cmに変えて、実験の手順1と同じようにミルククラウンのでき方を確認する。

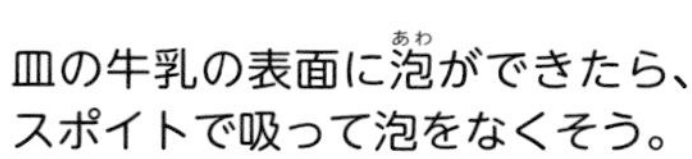

皿の牛乳の表面に泡(あわ)ができたら、スポイトで吸って泡をなくそう。

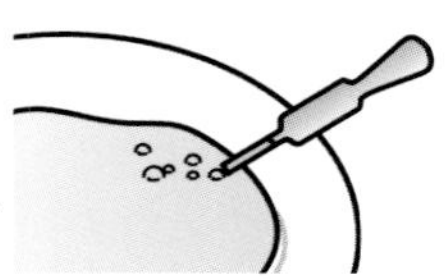

実験の注意とポイント

- この実験では「成分無調整」と書いてある牛乳を使おう。
- 牛乳は表面張力(ひょうめんちょうりょく)(液体の表面に沿って表面積を小さくしようとする力)により、2 mmくらいの深さより浅くすることはできないよ。

⚠ 実験で使った牛乳は飲まないこと!

レポートの実例

このレポートはひとつの例です。
実際には、自分で行った実験の結果や考察を書きましょう。

ミルククラウンを撮影する研究　○年○組　○○○○

研究の動機と目的

牛乳を注いだ皿に1滴(てき)の牛乳を落とすと、ミルククラウンという、しぶきが王冠(おうかん)状になる現象が見られると知り、これをスマートフォンのスローモーションモードで撮影(さつえい)したいと思った。また、どのようにしたらきれいなミルククラウンをつくることができるのか実験で確かめようと思った。

＊牛乳（成分無調整のもの）　＊皿
＊スポイト　＊定規
＊スマートフォン　＊三脚

実験1　牛乳を40 cmの高さから落として、ミルククラウンを撮影した

＞方法

（1）牛乳を皿に深さ2 mm程度注いだ。
（2）スマートフォンを三脚で固定して、撮影の設定をスロー240 fpsにした。
（3）スポイトで牛乳を吸い上げた。
（4）スマートフォンのカメラのピントを皿の牛乳に合わせて、スローモーション撮影を始めた。
（5）皿の横に定規を立てて、40 cmの高さからスポイトの牛乳を皿の牛乳に数滴落とした。
（6）撮影した動画を再生して、ミルククラウンのでき方を観察した。

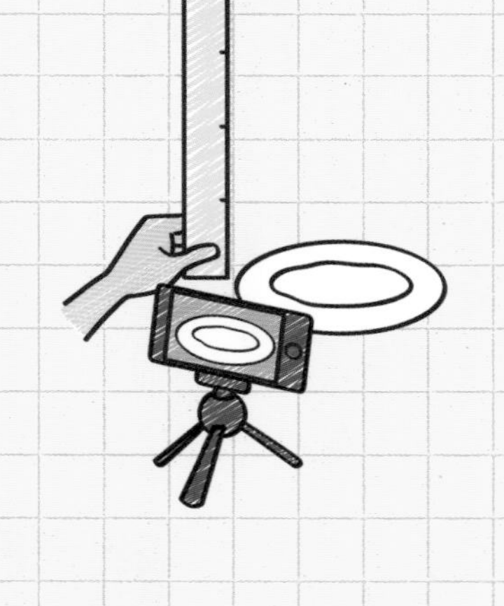

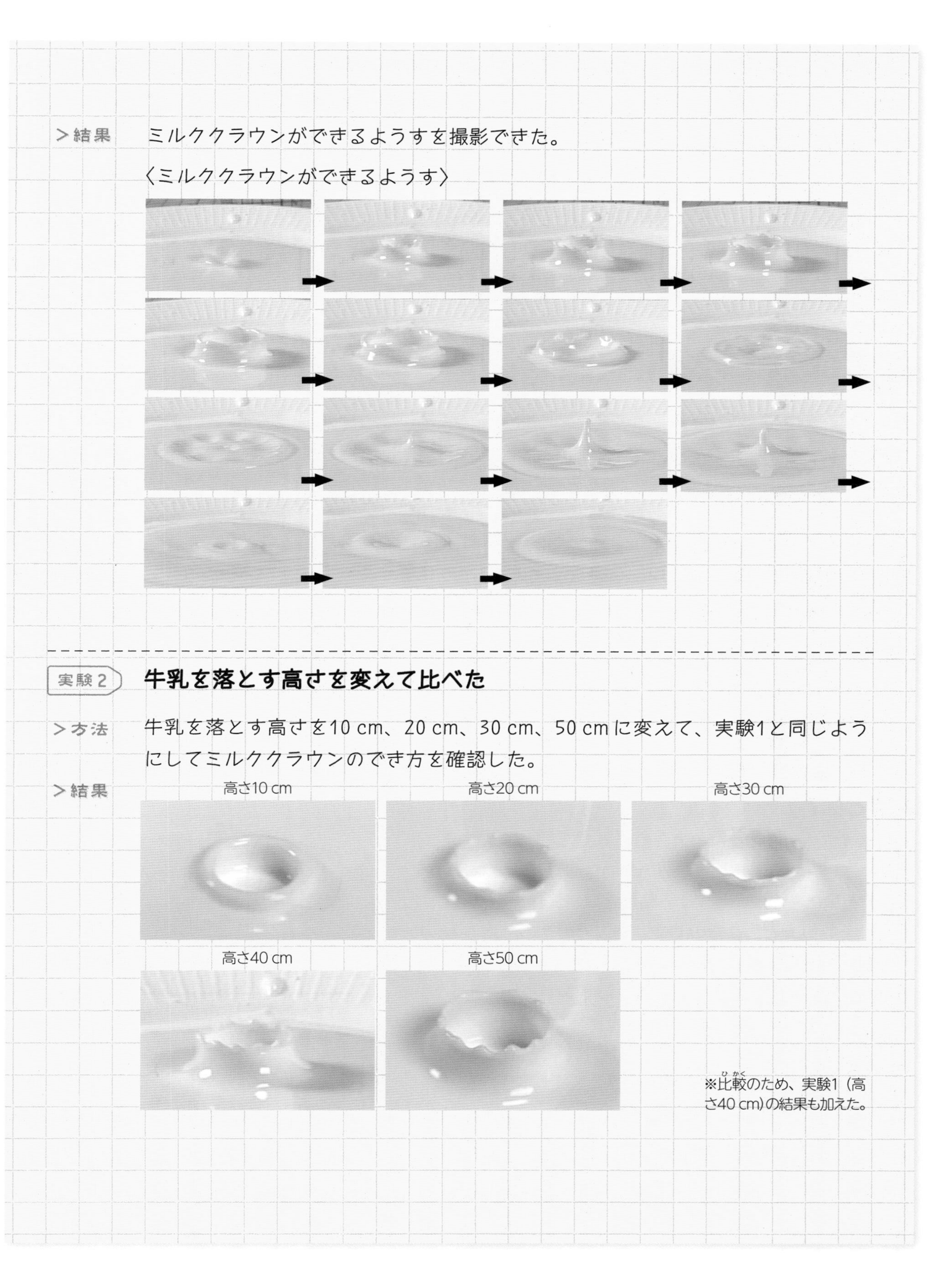

＞結果　ミルククラウンができるようすを撮影できた。

〈ミルククラウンができるようす〉

実験2　牛乳を落とす高さを変えて比べた

＞方法　牛乳を落とす高さを10 cm、20 cm、30 cm、50 cmに変えて、実験1と同じようにしてミルククラウンのでき方を確認した。

＞結果

高さ10 cm　高さ20 cm　高さ30 cm

高さ40 cm　高さ50 cm

※比較のため、実験1（高さ40 cm）の結果も加えた。

まとめと考察

高さが40 cmのときに最もきれいなミルククラウンができた。10 cm、20 cm、30 cmのときは、高さが低いほどミルククラウンの壁の高さが低く、突起の部分もできていなかったので、牛乳がぶつかるときの勢いが足りなかったと考えられる。50 cmでは突起の部分がうまくできなかった。40 cmよりも勢いは大きくなるはずなので、別の理由があるのではないかと思う。

サイエンスセミナー

ミルククラウンって何?

ミルククラウンとは、うすく張った牛乳の表面に、牛乳を1滴落とすと、しぶきが美しい王冠（クラウン）状になる現象です。じつはミルククラウンができるメカニズムはまだ解明されていません。液体の粘度やしずくが液面に衝突する速さ、容器に張った液体の厚さ、しずくが落ちていくときの空気の密度などの条件がそろうと発生します。

©アフロ

では、うすく張った牛乳と落とした牛乳のどちらがしぶきになったのでしょう。色をつけた牛乳を白い牛乳に落としてみると、色をつけた牛乳が内側の壁に、白い牛乳が外側の壁になります。つまり、うすく張ったほうの牛乳が飛び散ってミルククラウンができるのです。

粘度とは?

流体（気体や液体などの流れる物質のこと）には、ねばりけの小さい「さらさら」したものやねばりけの大きい「どろどろ」としたものがあります。粘度とは、流体のねばりけの度合いを数値で表したものです。室温での水の粘度を1とすると、牛乳は約2、はちみつは約1300です。129ページの発展研究で使う無脂肪乳や低脂肪乳の粘度は牛乳と比べると小さく、生クリームの粘度は牛乳より大きいです。

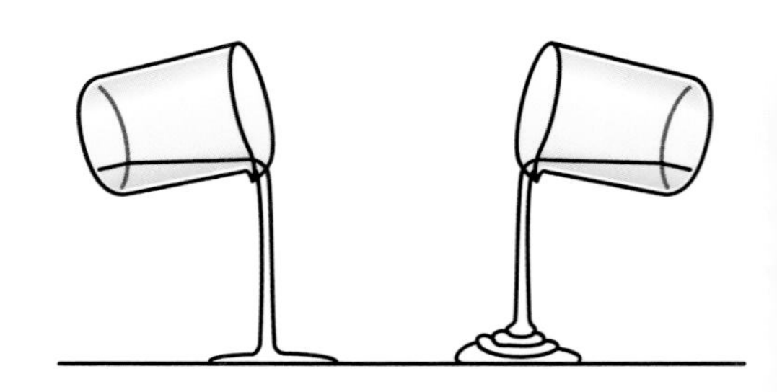

ほかの液体でミルククラウンができるか調べる実験

牛乳を生クリームや低脂肪乳、無脂肪乳に変えてミルククラウンのでき方を調べます。

準備 生クリーム（乳脂肪のみを原料としたもの）、低脂肪乳、無脂肪乳、皿、スポイト、定規（50 cm）、スマートフォンまたはデジタルカメラ（スロー240 fpsが撮影できるもの）、三脚（さんきゃく）

方法 124ページの実験と同じようにして、ミルククラウンのでき方を調べる。

結果 生クリームはミルククラウンができなかった。低脂肪乳と無脂肪乳はミルククラウンができたが、牛乳ほどきれいな王冠状にならなかった。

生クリーム

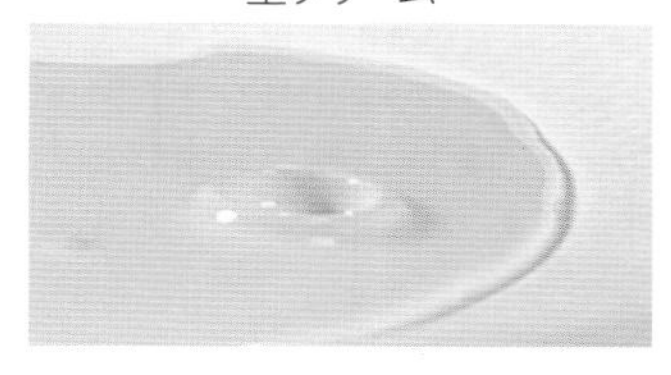

低脂肪乳

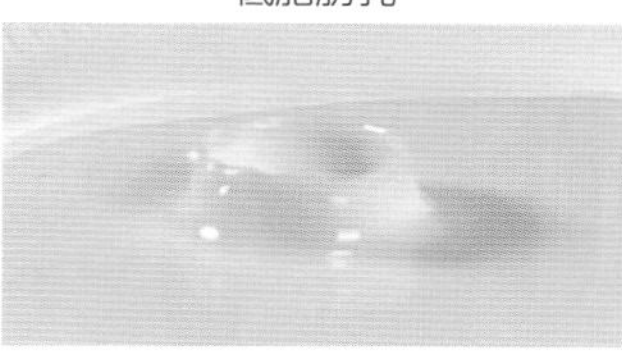

無脂肪乳

ワンポイント！ ●ここでは植物性脂肪の生クリームを使って実験している。

容器を変えてミルククラウンができるか調べる実験

容器を変えて、牛乳の量や深さを変えた場合のミルククラウンのでき方を調べます。

準備 牛乳、深皿、コップ、スポイト、定規（50 cm）、スマートフォンまたはデジタルカメラ（スロー240 fpsが撮影できるもの）、三脚

方法
1）深皿とコップに牛乳を8〜9割ほど入れる。
2）124ページの実験の手順1 2 〜 6 と同じようにして、ミルククラウンのでき方を調べる。

結果 深皿もコップもミルククラウンのでき方は皿のときと同じだったが、できたあとにできるくぼみが皿に比べて大きく、そこから上がる頭のついた棒状のものが大きく高くのびた。

深皿

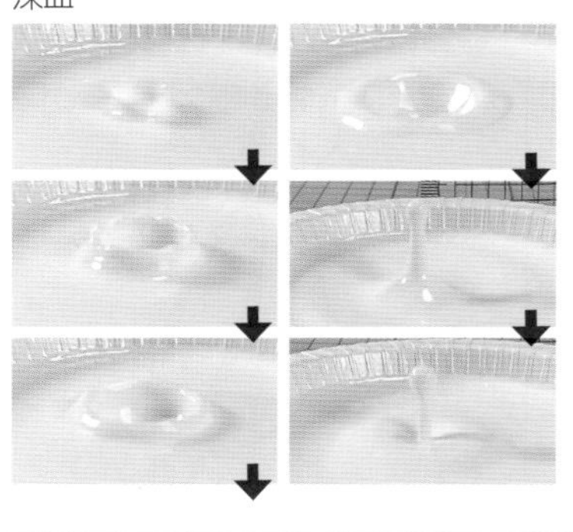

コップ

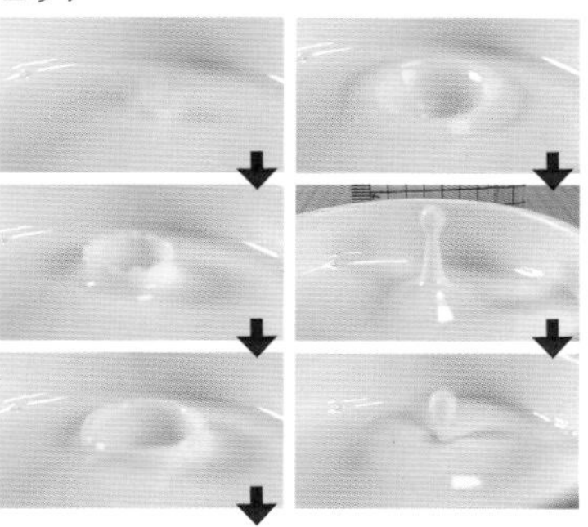

（参考）皿

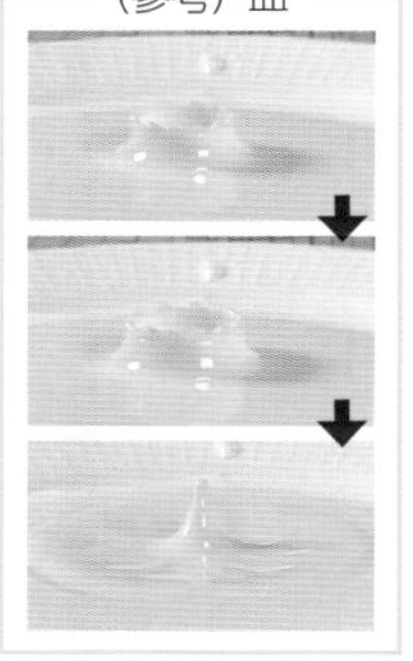

ワンポイント！ ●牛乳の容器は、浅いほうがきれいな王冠状のミルククラウンができると考えられる。

実験で使った牛乳や生クリームは口に入れない！

時間 1時間　難易度 ★☆☆☆

プリンのかたさは何で決まる?

【研究のきっかけになる事象】
かたいプリンとやわらかいプリンで好みが分かれる。プリンのかたさは砂糖の量で変えることができる。

【実験のゴール】
砂糖の量を変えてプリンをつくり、かたさのちがいを調べてみよう。

用意するもの
▶卵1個　▶牛乳100 mL　▶砂糖　▶耐熱(たいねつ)カップ3個
▶セロハンテープ　▶油性ペン　▶計量カップ
▶計量スプーン　▶はかり　▶ボウル
▶泡(あわ)立て器　▶トング　▶皿　▶アルミニウムはく
▶なべ　▶冷蔵庫

実験の手順 1 砂糖の量を変えてプリンをつくり、かたさのちがいを調べる

1 耐熱カップに「1」、「2」、「3」と印をつける。

耐熱カップにセロハンテープをはって油性ペンで番号を書く。

2 卵をボウルに割り入れ、卵白を切るように泡立て器でよく混ぜる。

卵1個

卵白を切るようにする。

3 **2** に牛乳を加えてよく混ぜる。

牛乳100 mL

4 **3** を3等分して3つの耐熱カップに入れる。

1カップあたり約50 gになる。

手順 4 で3等分にするとき、カップをはかりにのせたあとに表示を0 gにしてから液を入れよう。

5 砂糖を「1」のカップに大さじ1杯、「2」のカップに大さじ2杯、「3」のカップに大さじ3杯入れ、よく混ぜる。

砂糖がとけるまでよく混ぜる。

6 カップにアルミニウムはくでふたをして、油性ペンで番号を書く。

アルミニウムはくにカップと同じ番号を油性ペンで書く。

7 なべにカップを入れ、プリン液と同じ高さくらいまで水を注ぐ。

手順 7 では、水がカップに入らないように気をつけて注ごう。

8 なべにふたをして、中火にかける。お湯が沸騰(ふっとう)してから2分程度加熱する。

中のようすが見えない場合は、湯気が出てから2分程度加熱する。

プリンは水蒸気で熱して蒸してつくるので、必ずなべのふたをしよう。

9 なべからカップをとり出して、固まっているか確認する。固まっていなかったら、再度加熱する。固まっていたら、粗熱(あらねつ)をとったあと、1時間程度冷蔵庫で冷やす。

⚠ やけどに注意しよう！

「粗熱をとる」とは、アツアツの状態から手でさわれるくらいの温度まで冷ますことだよ。

10 冷蔵庫からプリンをとり出し、プリンのかたさを調べる。

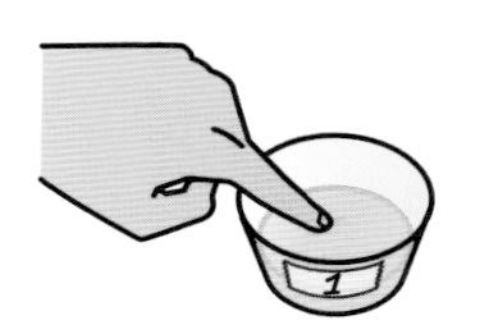

プリンを指で押してかたさを確認する。

プリンを皿にとり出して指で押したりゆすったりしてかたさを確認する。

実験の注意とポイント

●加熱するときは、なべのふたをしないと中にあるプリンが水蒸気で加熱されず、固まらないよ。

⚠ やけどに注意しよう！　実験で使ったプリンは食べない！

レポートの実例

このレポートはひとつの例です。
実際には、自分で行った実験の結果や考察を書きましょう。

プリンのかたさの研究

○年○組　○○○○

研究の動機と目的

かたいプリンとやわらかいプリンでは何がちがうのだろうと疑問に思った。調べると、砂糖の量でかたさが変わることを知った。どのくらいかたさのちがいがあるのか、プリンをつくって調べてみることにした。

＊卵1個　＊牛乳100 mL　＊砂糖　＊耐熱カップ3個　＊セロハンテープ
＊油性ペン　＊計量カップ　＊計量スプーン　＊キッチンスケール
＊ボウル　＊泡立て器　＊トング　＊皿　＊アルミニウムはく
＊なべ　＊冷蔵庫

実験1　**砂糖の量を変えてプリンをつくり、かたさのちがいを調べた**

＞方法

（1）3個の耐熱カップに1、2、3の番号をつけた。
（2）卵をボウルに割り入れ、泡立て器でよく混ぜた。
（3）（2）に牛乳を加えてよく混ぜた。
（4）（3）を3等分して耐熱カップに入れた。
（5）（4）にそれぞれ砂糖を大さじ1杯、大さじ2杯、大さじ3杯入れ、よく混ぜた。
（6）アルミニウムはくでカップにふたをし、なべに入れた。

砂糖 大さじ1　砂糖 大さじ2　砂糖 大さじ3

（7）なべに水を入れてからふたをし、中火にかけ、お湯が沸騰してから2分程度加熱し、火を止めた。
（8）なべからとり出して粗熱をとったあと、1時間程度冷蔵庫で冷やした。
（9）冷蔵庫からプリンをとり出し、指で押したりゆすったりしてかたさを調べた。

＞結果

カップ	砂糖の量	上から押したようす	型から外して押したようす	プリンのかたさ
1	大さじ1			指で押しても、こわれずに押すことができるかたさ。
2	大さじ2		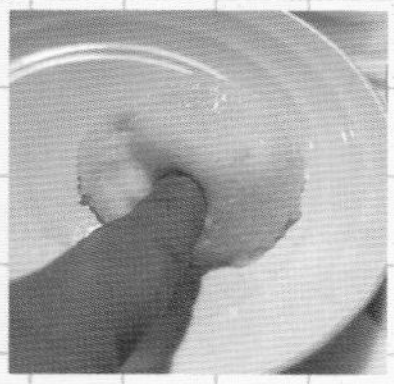	指で押すと、指が入ってくずれるくらいのかたさ。
3	大さじ3		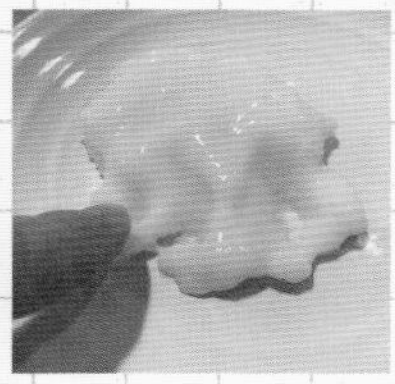	一部しか固まっていない。型から外したらくずれた。

まとめと考察

砂糖が多いほうが、プリンがやわらかくなることがわかった。調べると（※）、プリンが固まるのは、卵のタンパク質が熱を加えると固まる性質によるもので、砂糖はタンパク質が固まるのを左右するはたらきがあるようだ。砂糖を大さじ3杯加えたプリンは完全に固まっていなかったので、プリンが固まるまでの時間も変わってくるのではないかと思う。

※実際にレポートを書くときは、参考にした書籍名などを記しましょう。

サイエンスセミナー

砂糖とプリンのかたさ

卵にふくまれるタンパク質には、加熱すると固まる性質があります。プリンはこの性質を利用してつくられています。

タンパク質はたくさんのアミノ酸が鎖(くさり)のように結合したもので、複雑に折りたたまれた立体構造をしています。生の卵には水分が多くふくまれていて、水の中でタンパク質は粒(つぶ)のようにただよっています。

卵を加熱すると、タンパク質の立体構造がくずれ、折りたたまれていたタンパク質がほどけます。タンパク質のまわりにあった水分を押(お)しのけながらほどけたタンパク質どうしがからまり合って結合することで、卵が固まります。このときに砂糖があると、砂糖がタンパク質の間に入りこみ、卵の水分をかかえこんでタンパク質どうしが結合するのを少なくしています。そのため、砂糖を加えるとプリンは固まりにくくなり、やわらかい仕上がりになるのです。

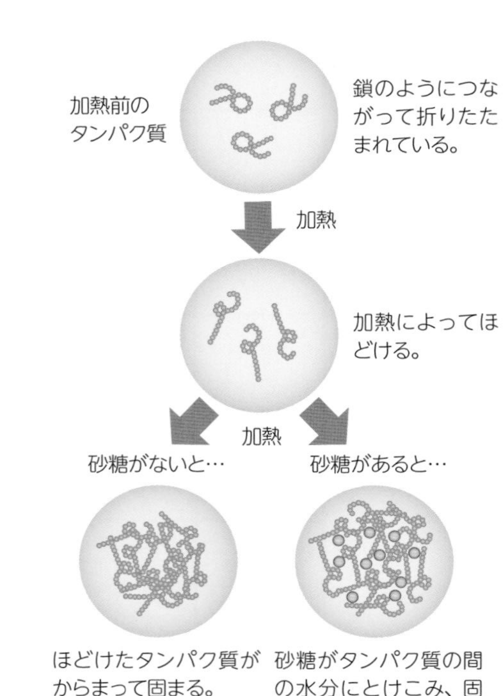

砂糖のはたらき

砂糖は水にとけやすい物質(ぶっしつ)で、20 ℃の水100 gに約200 gとけます。このため、砂糖にはまわりから水をうばいとる性質や水をかかえこんで離(はな)さないという性質があり、食品を調理するうえでさまざまなはたらきをしています。

プリンをつくるとき卵に砂糖を加えるとやわらかくなりますが、肉も調理する前に砂糖をもみこんでおくと、砂糖が肉の中の水分を引きつけ、肉のタンパク質の1種であるコラーゲンと水を結びつけて、加熱で肉がかたくなるのを防ぎます。

メレンゲは卵白だけを泡(あわ)立ててもつくることはできますが、砂糖を加えると、砂糖が卵白の水分をかかえこんで泡が安定し、気泡(きほう)がこわれにくくきめ細やかなメレンゲになります。

ご飯や餅(もち)はデンプンが主成分で、放置しておくとデンプンが老化してかたくなってしまいますが、砂糖を加えることでデンプンにふくまれる水分を砂糖が引きつけてやわらかい状態を保つことができます。酢飯(すめし)や餅菓子(もちがし)をつくるときに砂糖を使うのは、この性質を利用しています。

ジャムや羊かんなどの多くの砂糖を加えた食品は、砂糖が食品中の水分をかかえこむため、カビなどの微生物(びせいぶつ)の繁殖(はんしょく)がおさえられ、腐(くさ)りにくくなります。

ほかにもジャムにとろみをつけたり、油の酸化(さんか)を防いだりするはたらきもあるよ。

発展研究

砂糖の量とメレンゲのかたさを調べる実験

砂糖の量を変えてメレンゲをつくり、メレンゲのかたさのちがいを調べます。

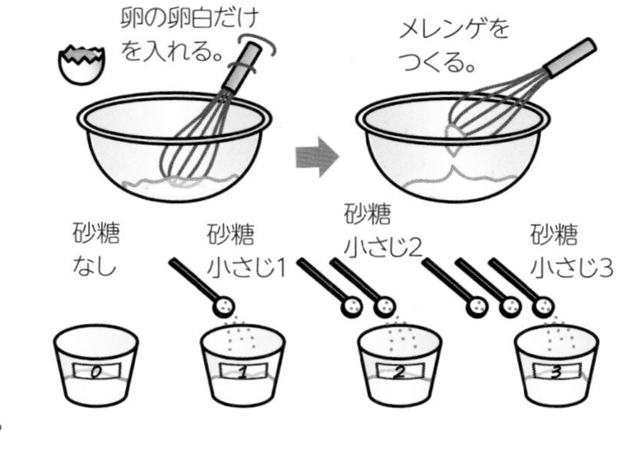

準備　卵1個（卵白）、ボウル、泡立て器、キッチンスケール、砂糖、計量スプーン、容器4個、スプーン
油性ペン、セロハンテープ、

方法
1）容器に「0」～「3」の番号を油性ペンで書く。
2）卵1個分の卵白をボウルに入れ、メレンゲになるまで5分くらい泡立て器でかき混ぜる。
3）2）のメレンゲを4等分して4つの容器に入れる。
4）4つの容器に右のような分量の砂糖を加えてスプーンで混ぜる。
5）スプーンでそれぞれのメレンゲに角（つの）を立てて、角のでき方でメレンゲのかたさを調べる。

結果　砂糖が多く入っているほど、角ができにくくやわらかくなった。

砂糖なし

いびつな角ができるくらいかたかった。

小さじ1

いびつな角ができるくらいかたかった。

小さじ2

角ができるくらいかたかった。

小さじ3

角をつくるのが難しいくらいやわらかかった。

ワンポイント！
●メレンゲとは、卵白を泡立てたものである。角が立つまで泡立てること。
●ボウルに油や水分がついていると泡立ちにくいので、きれいに洗って乾かしてから使うこと。
●メレンゲをつくる時には卵やボウルを冷やしておくことがポイント。
●4等分するとき、1個あたりの目安は10 gである。
●砂糖はメレンゲの泡をきめ細かくして安定させるが、この実験では一度に砂糖を加えているため、砂糖が水をかかえこむはたらきが大きく、ねばりけが多くなる。

サイエンスセミナー

卵白が泡立つのはなぜ？

卵白の成分はタンパク質が約10%で、残りは水です。水は表面（ひょうめん）張力（ちょうりょく）（できるだけ表面積を小さくしようとする力）が大きく、水どうしで1つにまとまろうとするため、水だけでかき混ぜても泡立ちません。卵白にふくまれるタンパク質には、水の表面張力を小さくするはたらきをするものがあります。そのため、卵白をかき混ぜると、卵白中の水の中に空気がとりこまれ、泡立ちます。また、卵白には空気にふれると立体構造がくずれてほぐれるタンパク質もふくまれています。ほぐれたタンパク質どうしが結合して膜をつくることによって、泡の形を保つはたらきをしています。

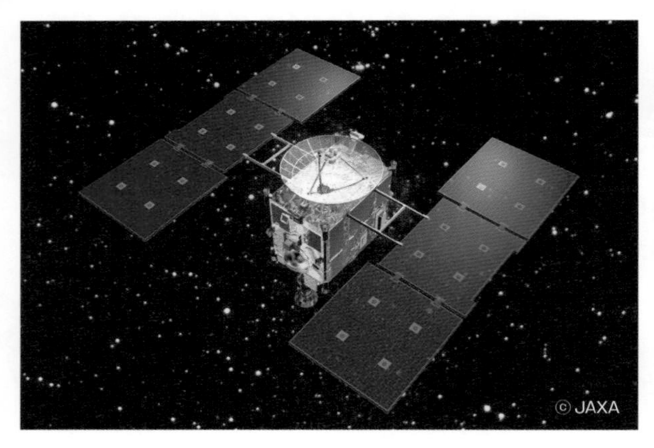

調べてまとめる自由研究

あるテーマを詳しく調べることも、立派な自由研究だよ。
テーマはふだん疑問に思ったこと、興味をもったことがよいね。
大切なことは本などの情報を丸写しするのではなく、自分の意見や判断を盛り込むことだよ。

調べる方法

4つの主な調べ方を紹介するよ。テーマに合った調べ方を選ぼう。

インターネットで調べる

できること

・新しい情報を短時間でたくさん入手することができる。
・いろいろな情報を一度に見比べることができる。
＊資料になりそうなものは、サイトをブックマークするか、プリントアウトしておこう。

図書館で調べる

できること

・一度にいろいろな資料を読み比べることができる。
・古い文献を読むことができる。
・図書館司書の人に聞けば、調べているテーマにそった資料を教えてくれることがある。
＊気になるページはコピーをしてとっておこう。

新聞で調べる

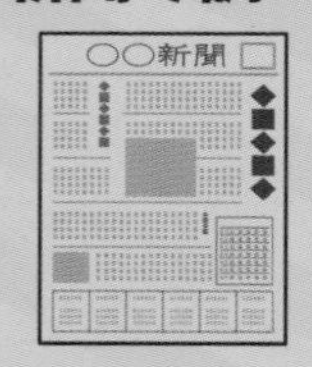

家にある新聞の記事は切り抜いておく。

できること

・情報が端的にわかりやすく解説されているので、理解しやすい。
・図書館では昔の新聞も見ることができるので、調べるテーマがどのように発表され、時間を追ってどう変化していったかを見ることができる。
＊気になる記事は切り抜いたり、コピーしておこう。

博物館や郷土資料館などの施設へ行く

メモを取れるよう、筆記用具を持って行こう。

できること

・様々な資料を展示しているので、実物やレプリカを見たり、さわったりして、実際に体験することができる。
・学芸員などの専門家に質問し、詳しい話を聞ける。
・イベントに参加すれば、より深く学ぶことができる。

注意点

正しい情報を選ぼう！

インターネットでは、正しい情報やあやまった情報が入り混じっているよ。個人がつくったホームページや、だれでも自由に書き込みができるインターネットの百科事典などの情報を資料にしたいときは、資料として使用する前にその情報が正しいかどうか確認するようにしよう。

まとめ方

レポートで文やデータを引用するときは必ず出典元の名称を入れよう。また、ただわかったことを書くのではなく、自分の意見を入れよう。

1 題名を書く
見た人が、何について調べたのか一目でわかるような題名にする。

小惑星探査機はやぶさの研究

○年○組　○○○○

テーマを選んだ理由

　宇宙の特集番組を見ていたら、小惑星探査機はやぶさが重大任務を成功させた、とあった。はやぶさはどんなことをしたのか、また、その任務はどれくらい重大なものだったのかが気になったので、調べたいと思った。

2 テーマを選んだ理由を書く
どのようなことを知りたいのか、なぜ知りたいと思ったのかなどを書く。

3 調べ方を書く
何を使って調べたのか、どのように調べたのかを書く。

調べ方

- JAXA（ジャクサ）のホームページを見て資料を集めた。
- 図書館ではやぶさについて書いてある本を読み情報を集めた。

調べてわかったこと

<1>はやぶさは、小惑星「イトカワ」からサンプルを持ち帰るという任務があった。

<2>はやぶさは、打ち上げてから2年4か月後にイトカワに着陸、サンプルを採集した。

<3>はやぶさは、2010年6月にイトカワから採集したサンプルが入ったカプセルを機体から切り離して地球へ送り、自身は大気圏で燃えつきた。

4 調べてわかったことを書く
- 何を調べ、何がわかったか。
- わからなかったことは何か。

など、いくつかの項目に分け、順序立てて書く。
取材先や答えてくれた人の名前はここで書き、写真があればそれもはっておく。

はやぶさが採集したサンプルからわかったこと

　サンプルから、イトカワは今よりも10倍以上大きい小惑星だったことがわかった。衝突をくり返して、現在の大きさになった。また、イトカワの表面は日焼けをしていることや、将来風化して消滅してしまう可能性があることもわかった。

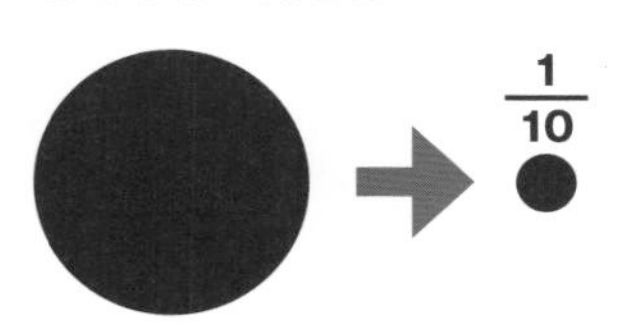

5

まとめと感想を書く

調べたことから、どのようなことがわかったかを書く。ただわかったことを書くのではなく、自分はどう思ったのかなど、必ず自分の意見を入れるようにする。

まとめ

　はやぶさは、自律機能を持った探査機であったことがわかった。任務はイトカワに近づき表面からサンプルを持ち帰ることで、サンプルを持ち帰ることができれば惑星をつくった材料や、惑星が誕生したころ宇宙の環境がわかるのでとても重要な任務だ。

　はやぶさの行動記録を読むと、技術者たちがはやぶさに愛着を持っていたのがよくわかった。世界的に大きな成果を上げた探査機をつくった、日本の技術者はすごいと思った。

参考文献の出典元

〇〇の宇宙　〇×〇社

××とはやぶさ　△口出版

JAXA ホームページ（https://……）

6

参考文献の出典を書く

参考にした本の名前と出版社名、データを使用した場合は、そのデータが掲載されていたサイト名、調査した年月日などを書く。

調べ学習のテーマ例

1 道具の今昔を調べよう

調べる方法

郷土資料館へ行く、図鑑を見る

道具が変わっていったことで、次のことはどうなっただろう。

- 昔と今の道具のちがい。
- 電気を使うようになって、どんなことが便利になったか。
- 今の道具は昔と比べて、自然環境に何か影響を与えているか。

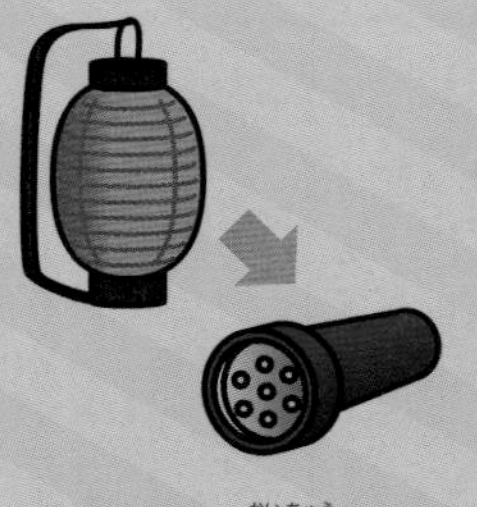
ちょうちん→懐中電灯

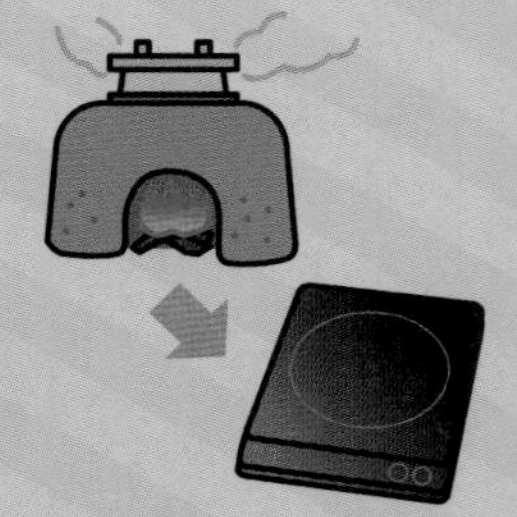
かまど→ IH 調理器

炭火アイロン→電気アイロン

　このほかにもどんなことを調べられるか、考えよう。学芸員さんに話を聞くときはメモを取り、可能であれば展示物の写真を資料として撮っておこう。話をしてくださった学芸員さんの写真も撮って、調べてわかったことで紹介してもよいね。（写真を撮るときは、必ず許可を取る。）

2 科学史を調べよう

調べる方法

図書館で資料を探す、インターネット

図書館やインターネットで科学史の本を資料にして、年表をつくってみよう。また、気になるできごとを選び、次のような観点から詳しく調べよう。

・その発明や発見が何に役立ったのか。
・それによって人々の生活がどのように変化したか。
・その発明は、現在ではどのような形になっているか。
など。

西暦	できごと
1445	活版印刷の発明
1895	レントゲンがX線を発見
1928	フレミングがペニシリンを発見
1942	世界初のコンピュータの完成
1953	DNAの二重らせん構造を解明
2006	iPS細胞の作製に成功（日本；山中伸弥）
2010	はやぶさの帰還
2022	AIチャットボットであるChat GPTが公開

（参考：○○○科学史　××出版社）

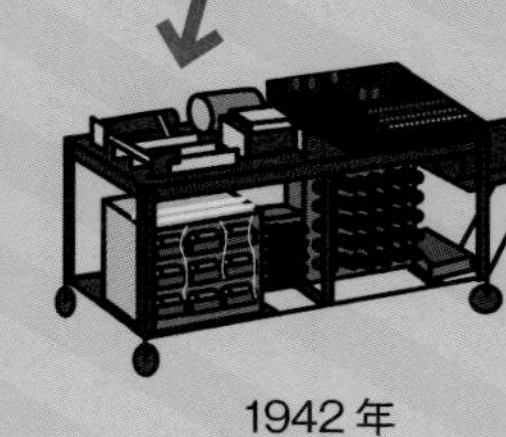
1942年

1981年

2024年

3 自分の住んでいる地域の天気の変化を調べよう

調べる方法

インターネット、新聞

次の手順で調べよう。

①気象庁などのホームページで、自分が住んでいる地域の1年前の天気を調べる。

②今現在の天気図をインターネットや新聞で見て、低気圧や高気圧の位置、前線のようす、風の向きなどを確認し、自分の住んでいる地域の明日から１週間の天気を予想してみる。高気圧が現れていれば天気はよくなって、低気圧があれば天気は悪くなるよ。

③予想と結果を表にまとめる。

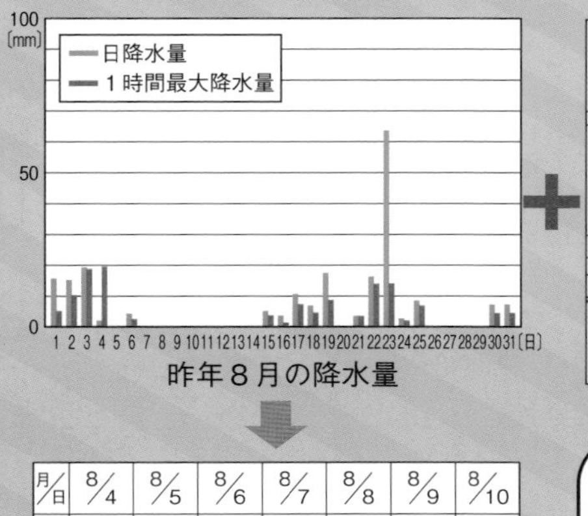

昨年８月の降水量

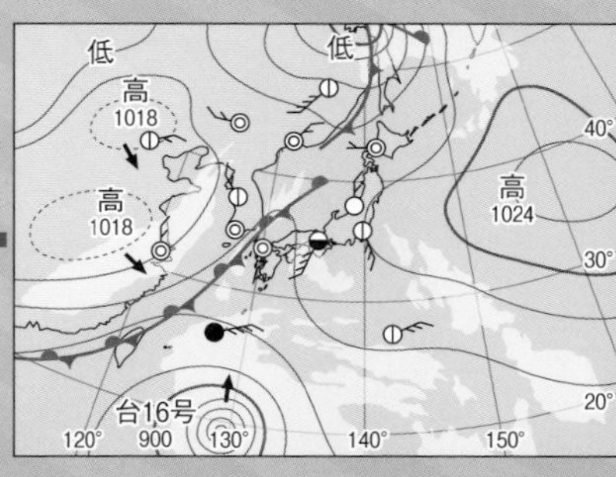

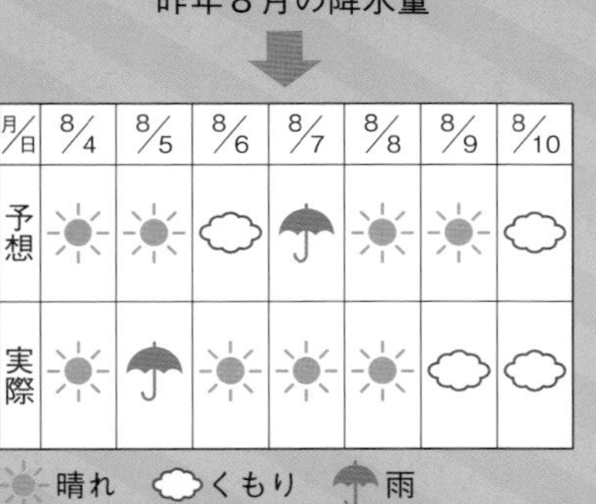

月/日	8/4	8/5	8/6	8/7	8/8	8/9	8/10
予想	晴れ	晴れ	くもり	雨	晴れ	晴れ	くもり
実際	晴れ	雨	晴れ	晴れ	晴れ	くもり	くもり

晴れ　くもり　雨

今日の天気図では高気圧が来ている。明日は晴れかな。

昨年の今ごろは
・降水量が少ない。
・気温の高い日が続いている。

宇宙に挑戦（ちょうせん）した人々の歴史を調べる

調べる方法

インターネット、博物館や科学館などの施設（しせつ）へ行く、図書館で資料を探す

図書館で宇宙飛行士に関する資料を探したり、JAXA（ジャクサ）（宇宙航空研究開発機構）のホームページを見たりして、宇宙飛行士の歴史を年表にまとめよう。

　年表をまとめながら出てきた疑問を解決するために、実際に宇宙に関係のある博物館や科学館へ行って、展示物を見たり、宇宙飛行士の講演に参加したりしよう。

　博物館へ行くときは事前に集めた資料を読み返し、どんなできごとに注目するか、また、学芸員や職員に質問することを準備しておく。

年月日	できごと	挑戦した人物
1957.10.4	人工衛星打ち上げ	──
1961.4.12	史上初の有人宇宙船打ち上げ	ユーリ・A・ガガーリン
1969.7.20	人類が月に立った	ニール・A・アームストロング
1990.12.2	日本初の宇宙飛行	秋山豊寛（あきやまとよひろ）
1994.7.8	アジア初の女性宇宙飛行	向井千秋（むかいちあき）

今まで何人の女性が宇宙へ行ったのかな？

質問の例

- 今まで宇宙に行った宇宙飛行士は何人か。
- どこの国の宇宙飛行士がいちばん多いか。
- どのような訓練を受ければ、宇宙飛行士になれるのか。など。

こんなことに挑戦してみる

- 宇宙食を食べてみる。
- 調べてわかった宇宙飛行士の訓練に、挑戦してみる。など。

5 公園にある植物の分布図をつくろう

調べる方法
公園へ行く、図鑑を見る

家の近所にある公園で見られる植物を調べよう。
公園に行くときは、植物図鑑を持っていくか、カメラで植物を撮影しておく。植物の種類を調べたら、公園の見取り図を書き、どこに何の植物があったかを書きこんで分布図をつくろう。
分布図から、その植物がどうしてその場所で見られるのかを考えてみてもよいね。
ほかの公園や、可能であれば離れた場所（旅行先など）での植物の分布図もつくって、公園・場所によってどのようなちがいがあるのかを比較しよう。

準備するもの
＊植物図鑑　＊カメラ　＊筆記用具　＊帽子　＊タオル　＊水などの飲み物

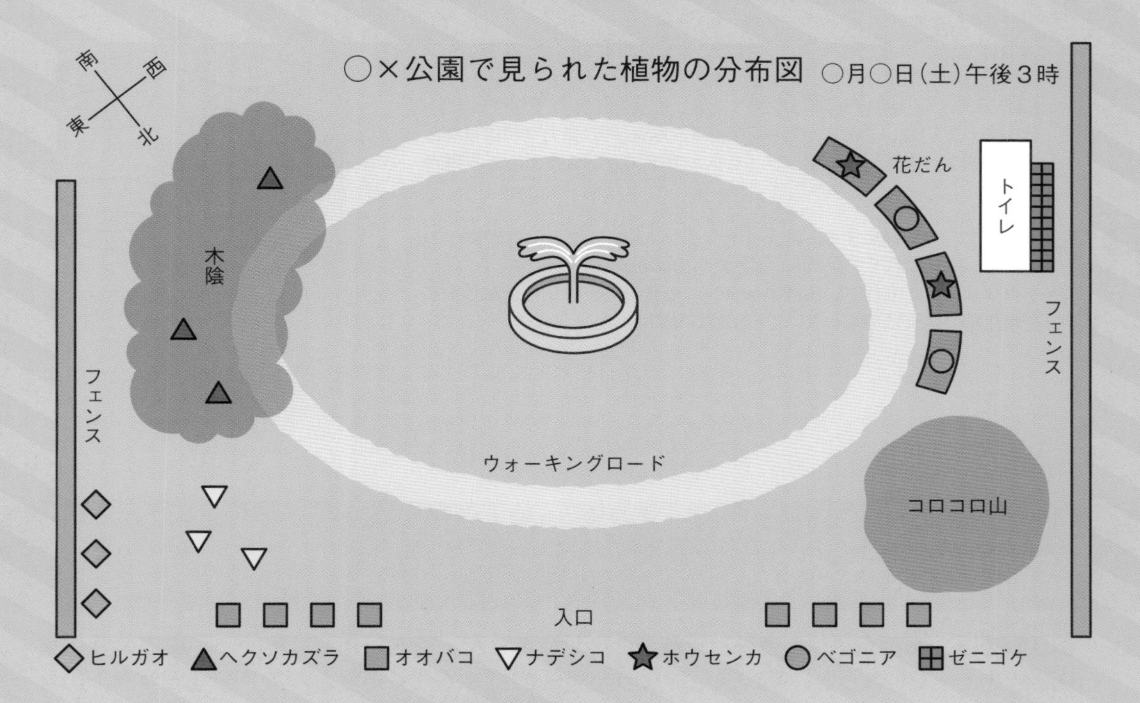

注意点　熱中症にならないように、こまめに休もう。

お役立ちホームページ
NHK アーカイブス むかしの道具：https://www.nhk.or.jp/archives/kaisou/appliance/
Web 版むかしの道具展：https://www.chiba-muse.or.jp/OTONE/dougu/
JAXA 宇宙科学研究所：https://www.isas.jaxa.jp/
気象庁 気象統計情報：https://www.jma.go.jp/jma/menu/menureport.html
※ 2024 年現在。サイトは変わることもあります。

その他のテーマ集

私たちの身のまわりは、自由研究のテーマになる現象にあふれています。そんな研究テーマのいくつかをここで紹介します。

1 ゼリーを研究しよう！ ゼラチンと寒天はどうちがう？

ゼリーの原料には、ゼラチンや寒天があります。それぞれでつくったゼリーの違いを調べてみましょう。また、64 ページの実験ではゼラチンでパイナップルゼリーができませんでしたが、寒天でもつくれないのでしょうか？

方法

(1) ゼラチンと寒天を商品の説明通りに水にとかして、ゼラチン液と寒天液をつくります。
(2) 容器にゼラチン液と寒天液を入れたものを2つずつ用意します。1つにはそれぞれに生パイナップルを入れます。
(3) しばらく置いて常温で固まるか調べた後、冷蔵庫に入れて冷やします。何も入れていないものでゼリーの色、触ったときの弾力やねばりなどを調べます。また、パイナップルを入れたものが固まっているか確かめます。

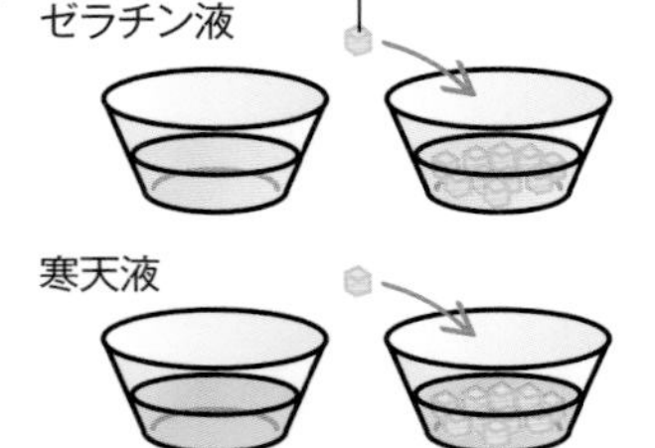

結果

寒天は常温で固まり始めます。寒天はゼラチンよりも固まる温度が高いのです。また、寒天にパイナップルを入れたものは固まります。
パイナップルにふくまれている酵素はタンパク質のゼラチンを分解しますが、炭水化物の寒天は分解しないことがわかります。

2 葉って網みたい？ 葉脈標本づくり

葉の葉脈は、ふだんははっきりと見ることができません。でも、重そうを使って葉の葉脈以外の部分をとってしまうと、網のようになった葉脈の標本をつくることができます。サザンカなどの葉で葉脈標本をつくってみましょう。

方法

(1) 重そう 20 gをはかり取り、ホーローのなべに入れて弱火で熱します。数分たち、粉がサラサラになってきたら火を止めます。
(2) 200 mLの水を加えて(1)の重そうをとかします。
(3) 葉を入れて、必ず換気をしながら、弱火で 1 時間煮ます。水がなくならないように、少なくなってきたら水を足しましょう。
(4) 割りばしで葉を取り出し、ぬめりがなくなるまで水で洗います。
液は強いアルカリ性で皮ふがとけるので、取り出すときは必ず割りばしを使い、ゴム手袋をしましょう。
(5) 新聞紙やキッチンペーパーにはさんで水気を取り、やわらかめの歯ブラシで軽くたたくようにして葉脈以外の部分を取り除きます。
(6) いろいろな木の葉で葉脈標本をつくり、葉脈のようすを観察しましょう。

▲ヒイラギ（左）、サザンカ（右）の標本

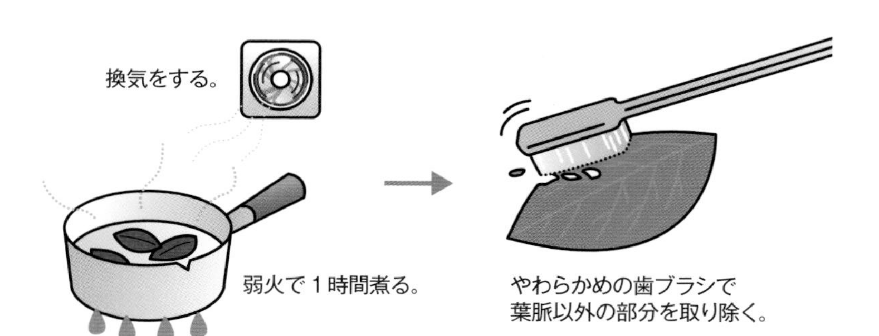

ヒイラギ、サザンカのほか、ツバキ、キンモクセイ、ゲッケイジュなどの葉が、標本をつくりやすい。

参考 できあがった葉脈標本を観察すると、葉脈が非常に細かい網の目のようになっていて、葉のすみずみまではりめぐらされていることがわかります。この葉脈で、根から吸い上げた水を葉のすみずみまで送り届けたり、光合成（こうごうせい）によってつくられた栄養分を運んだりしているのです。

注意

- アルミニウム製のなべは、重そうが変化してできたものと反応してとけるので、使わないでください。
- 煮汁（にじる）は強いアルカリ性です。直接触（さわ）らないように、ゴム手袋をしましょう。
- 煮汁は、同じ量の酢（す）を入れて中和してから捨てましょう。

3 どこまで温度が下がる？ 寒剤（かんざい）の研究

氷と食塩を混合すると０ ℃以下の温度になります。このように、混合によって低い温度を得る材料のことを寒剤といいます。氷と食塩を使った寒剤の性質について調べてみましょう。

方法

(1) 氷と食塩の混合の割合を変えて、どの割合のときに最も低い温度が得られるかを調べます。
(2) 氷だけのときと、氷と食塩を混合したときのとけ方のちがいを調べます。

注意

氷：食塩＝ 77.6：22.4（質量比（しつりょうひ））で、－ 21.2 ℃の温度を得ることができます。温度計は、氷点下を測定できるものを使用しましょう。

監修	尾嶋好美
編集協力	小島俊介、（有）きんずオフィス、須郷和恵、橋爪美紀
図版・イラスト	（有）青橙舎、（株）アート工房、（有）ケイデザイン、フジイイクコ
写真	無印：編集部、その他の出典は写真そばに記載
デザイン	装幀／FMTデザイン　辻中浩一＋村松亨修（ウフ）
DTP	（株）明昌堂　データ管理コード：23-2031-1233（2023）

この本は下記のように環境に配慮して製作しました。
・製版フィルムを使用しないCTP方式で印刷しました。
・環境に配慮した紙を使用しています。

中学生の理科　自由研究　お手軽編

①